U0634337

杨小溪 ◎ 著

走进孩子的心

真希望父母读过这本书

苏州新闻出版集团

古吴轩出版社

图书在版编目（CIP）数据

走进孩子的心：真希望父母读过这本书 / 杨小溪著.
苏州：古吴轩出版社，2024.10. -- ISBN 978-7-5546
-2460-9

Ⅰ．B844.1；G78

中国国家版本馆CIP数据核字第2024H0Y564号

责任编辑：胡敏韬
策　　划：汲鑫欣
装帧设计：YOLENS

书　　名：**走进孩子的心：真希望父母读过这本书**
著　　者：杨小溪
出版发行：苏州新闻出版集团
　　　　　古吴轩出版社
　　　　　地址：苏州市八达街118号苏州新闻大厦30F
　　　　　电话：0512-65233679　　　邮编：215123
出 版 人：王乐飞
印　　刷：水印书香（唐山）印刷有限公司
开　　本：670mm×950mm　　　1/16
印　　张：11
字　　数：112千字
版　　次：2024年10月第1版
印　　次：2024年10月第1次印刷
书　　号：ISBN 978-7-5546-2460-9
定　　价：46.00元

如有印装质量问题，请与印刷厂联系。0318-5695320

走进孩子的心，洞察养育孩子的底层逻辑

这是一本关于亲子关系和养育孩子的书，却并不是一本教你怎么管理孩子的书，也不是一本手把手教你完美处理亲子关系，在亲子关系方面只要按照书上写的做就可以高枕无忧的书。

能够有一本只要照着做就可以解决所有亲子问题、全是干货的秘籍，这可能是许多父母都非常渴望的。不过遗憾的是，存了这种心思的父母多半是不能如愿的。因为孩子不是定制的产品，无法用一套既定的方法来统一管理。或者更确切地说，孩子不是物品，从来就不应该被管理。每个孩子都是携带成长基因的种子，有自己的特点、优势和成长方式。作为父母，我们需要做的就是洞察这粒种子的成长趋势和使命。

在养育孩子这件事上，再高级的方法也只属于"术"的范畴，都受变量——特定对象和特定环境的影响，不管哪一个变量出现变化，我们的"术"都要随之做出调整。要想活用、化用"术"，除了洞察养育孩子的底层逻辑之外再没有别的方法。而养育孩子的底层逻辑，就是了解孩子自身携带的成长基因，非要走进孩子的内心不可。所以，与其想着靠什么秘籍去管理孩子，父母们真正应该做的，是尝试走进孩子的内心。

而体察孩子的情绪无疑是最为大家所熟悉的走进孩子的内心的路径。本书以在孩子身上最常见的，也是对孩子的成长影响最大的二十七种情绪作为切入点，带领你了解孩子的内心世界。

对孩子的每一种情绪，本书都会按照"现象—心理—落地方案"的逻辑分成三个部分进行阐述。第一部分，为了使你对孩子的每种情绪都能有形象化的理解，本书从现实的亲子互动中截取常见的场景，呈现的是我们要解决的"是什么"这个问题；第二部分，从心理学和儿童心智发展角度出发，洞悉孩子某种情绪产生的原因、机制和对孩子成长的影响，解决的是"为什么"这个问题；第三部分，分享一些经过反复实践、验证过的行之有效的方法，解决的是"怎么办"这个问题。

"是什么""为什么"和"怎么办"这三个问题都解决

之后，我们所做的事情就从看懂孩子的内心变成顺应孩子的成长密码，做好辅助和陪伴工作。读这本书，你会发现，书中讲的是"养育"而不是"管理"。一开始我们瞄准的是孩子所呈现出来的"问题"，最后解决"问题"的落脚点却无一例外地在父母身上。从这个角度来讲，你也可以把阅读本书的过程看作自我觉醒之路。

拥有高明的养育智慧，一定是从走进孩子的内心开始的。之后你会发现，负责任的养育不一定非得"相爱相杀"。读懂孩子，顺势而为，你养育孩子可以很从容、很优雅。愿所有父母养育孩子的状态都能很从容，愿所有父母养育孩子的过程都能很优雅，愿所有孩子都能以最舒服的方式被爱，以最自由的姿态绽放。

目 录

I

自卑感：
正向解读，让孩子超越自卑

妈妈说我是个笨小孩

我注意到那个小男孩很久了，他总是能够非常巧妙地避开所有具有竞争性的游戏，比如抢凳子游戏、跳绳比赛、画画比赛……

每当这时候，他都能给自己找一个合适的理由，甚至会及时"生病"。

其实，这个小男孩画画很棒，但是，只要是在比赛中，他就会表现得一塌糊涂。这样的孩子就像时下流行的那句话说的那样："他只想做一个安静的少年。"

只要把他放在一个不起眼的安静的角落，他就会有不俗的表现。但是，他也只有在角落里做事时才会有这样的表现。为了弄明白他的问题所在，便有了下面的对话：

"没有人跟你说，你画画很棒吗？"

"妈妈说，我是个笨小孩。"

"可是你画画确实很棒呀！老师不是经常夸你吗？"

"妈妈说，老师是为了鼓励我才夸我的。其实我并不是个聪明的孩子。"

他并不是个笨小孩，却是个自卑的孩子。虽然不论从哪个方面讲，他都不应该有自卑的理由。我想，这个男孩自卑的理由可能是妈妈给的，尽管这并不是妈妈的初衷。

就像那个小男孩所说：

"妈妈说，我是个笨小孩。"

"笨小孩"是怎么变自卑的

自卑，就是当孩子轻视自己，认为自己不如别人，或认为自己有一些缺点，却无力改变时产生的一种心态。著名的精神病学家、发展心理学家和精神分析学家埃里克·埃里克松（Erik H. Erikson）说，自卑感更多出现于6~12岁的孩子身上。主要原因在于这个年龄段的孩子个体能力不足，但会不断地进行一些超出能力范围的尝试，一旦反复遭遇失败，就会对自己产生过低的自我评价。过低的自我评价会让孩子陷入自我否定和自我拒绝的状态中，会因为过于放大自身的不足而看不见自己的长处和优势。自卑的情绪很常见，并没有那么可怕。一定程度的自卑感有时甚至可以成为激励因素，在孩子的成长过程中发挥积极的作用。但是，如果父母对孩子的自卑感放任不管，甚至做出推波助澜的举动，那么情况就可能变得很糟糕，孩子会逐渐心灰意冷，甚至可能患精神疾病，从而影响孩子的一生。

正向解读超越自卑

心理学大师阿德勒说过：自卑普遍存在，自卑并非一无是处，也并非不可超越，自卑有利于推动个人成长，超越自卑，则意味着将自卑转换为自我完善的强大动力。而超越自卑的首要路径便是母亲和孩子之间建立亲密连接。阿德勒还说过：母亲是孩子与社会相连接的第一条纽带，孩子如果无法和母亲（或其他代替母亲角色的人）建立良好的关系，则会走向毁灭。

作为孩子最早的陪伴者和第一任老师，妈妈的评价对于孩子的自我认识和自我评价有决定性的影响。父母怎样定义孩子，便会得到一个什么样的孩子。孩子往往就是从父母对他的评价中解读对他的定义的。就像阿德勒所说：孩子最终将成为和父母解读中一样的人。

而母亲和孩子之间的亲密连接，就是建立在爱和陪伴之上的正向解读。爱和陪伴是基础，正向解读是思维方式的传递。正向解读的具体操作方法是鼓励孩子在某一方面努力并取得成功，然后顺其自然地引领孩子从一个领域的成功进入另一个领域的成功，就像是将孩子从一个肥沃的牧场引到另一个肥沃的牧场。

那么，所谓正向解读是不是就是表扬和鼓励呢？是不是就是一个劲儿地夸孩子？可以说是，也可以说不是。因为到底要不要夸孩子并不是真正的关键，真正的关键在于怎么夸。父母学会正向解读，就能够正确地夸孩子。

母亲在陪伴孩子的过程中，最好避免使用大而不当的概念性定义，因为这样做就等于是在给孩子贴标签，对孩子进行归类，比如评价孩子"聪明"或"笨"，这并不是很恰当的做法。

年轻的妈妈经常会听到孩子问这样的问题：

"妈妈，我是一个笨小孩吗？"

"妈妈，我是不是长得很丑？"

妈妈要怎么回答呢？说孩子是个笨小孩，显然是不合适的。那么说他是个聪明的孩子吗？也不见得就有多聪明。长得丑或不丑也是一样的。正向解读就是要避开这种给孩子贴标签的评价。要对孩子问的问题进行拆解，找出孩子的优势或是积极因素，然后如实告诉孩子，同时，最好加上自己的感受。

比如，回答上面这种"笨还是不笨"的问题时，妈妈不妨对孩子说："你上次做游戏不是赢了吗？我们都为你感到高兴呢！"

比如，回答上面这种"丑还是不丑"的问题时，妈妈可以这么说："你的鼻子长得就很好看，眼睛也很好看。妈妈看到觉得很满意。"

不管是对孩子本身，还是对孩子所遇到的问题，正向解读的操作方法是不变的。我们的孩子既不会完美得无可挑剔，也不会糟糕得一无是处。孩子的表现也一样。孩子有敏锐的观察力，如果父母无视孩子的缺点和劣势，毫无诚恳之意甚至虚假地进行鼓励，孩子则能够轻易地从父母的语气和表情中读懂一切。

在此来强调一下正向解读的操作细节：避免贴标签式的回答，而要拆解问题，找出孩子的优势和长处并如实陈述，再满含爱意地传达。如果还能对孩子存在的一些可以改进的问题提出建议，那就再好不过了。

Part 2

被忽视感：
看见，就像一束光，被照亮的孩子更出色

妈妈把我捧在手心里，我却感觉她看不见我

周末，我和欣欣妈妈、欣欣一起去公园赏樱花，欣欣却对钓鱼感兴趣。她随手捡来一截树枝，蹲在湖边，将手中的树枝伸向水面，假装在钓鱼。

"妈妈，妈妈，我钓到一条大鱼。快把它放到水桶里！"

我和她妈妈对视一下：哪里有水桶啊？

欣欣妈妈说："放妈妈口袋里吧。"

孩子伸手把妈妈的手一拉，比画一个圈，我这才明白，这就是水桶。

孩子钓鱼的积极性高，"鱼儿"也乖。很快，"水桶"里装满了"鱼"。

很快就到中午了。欣欣一手拿着树枝鱼竿，一手提着

"水桶"，蹦蹦跳跳地前往公交车站。

远远地，公交车开过来了。

突然，欣欣说："妈妈，刚才我装鱼的水桶放在地上，忘记拿了！"

"我替你拿了。"妈妈赶紧用手比画一个圈。

"才不是呢，我刚才休息时把水桶放在树旁的地上了。"

欣欣说得一本正经，朝树跑去。可是没跑几步就被妈妈抓了回来。

"车马上来了，你瞎跑什么？根本就没有水桶，也没有鱼！"

欣欣妈妈终于失去继续陪欣欣演下去的耐心，毫不客气地说出了真相。

我们最终上了车，可是欣欣的脸上挂满泪珠——她还在想着她的"水桶"和"水桶"里的"鱼"。

原来妈妈的目光被挡住了呀

著名临床心理学家乔尼丝·韦布（Jonice Webb）曾经提出过"童年期情感忽视"的概念，指的是由于父母没能给予孩子足够的情感回应而对孩子造成情感创伤。

说得再形象一些、生活化一些，上面的故事中，欣欣妈妈的举动有可能对欣欣造成"情感忽视"。

这样的场景在生活中并不少见。当孩子为电视剧里的某个人物的处境担心时，有些父母却笑着说："这傻孩子。"当孩子因为一朵花的凋落而暗自悲伤时，有些父母却毫不在意地说："太孩子气了。"

在类似的事件中，处在矛盾两方的孩子和父母都觉得委屈。父母会觉得：我把你捧在手里怕摔了，含在嘴里怕化了，满心满眼都是你，你居然觉得我忽视了你?!而孩子会觉得：你们总说你们是最爱我的人，可是我的委屈、悲伤和我的所思所想你们都看不见，这难道不是对我的忽视吗？

父母和孩子之间为什么会产生这样的认知矛盾？根本的原因在于：父母只是把孩子当成孩子。在大多数父母看来，孩子的情感需求不值一提，他们经常说的话就是："小孩子知道什么？""小孩子，哭一会儿就好了。"

哭一会儿真的就会好了吗？并不会。经常遭受"童年期情感忽视"的孩子会因为发出去的各种情绪信号都得不到回应而"人格大厦"坍塌，有可能变得抑郁，更容易出现某种成瘾行为，面对情绪问题常会不知所措，通常也无法发展出完整的自尊心理。

所以，父母不要认为不理会孩子的情绪，孩子的情绪过一会儿就会好了。父母不在意或不理会孩子的情绪，事情只会变得更糟糕，而且会随着时间的推移而变得越来越坏。

看见关系，我被爸爸妈妈的目光照亮了

父母的目光为什么会被挡住，从而使他们看不到孩子的情感需求呢？根本原因就在于这些父母没有把孩子当成一个独立的人。

你把自己的孩子当作什么？

有调查者曾向不少父母问过这个问题，得到的答案多种多样：有的说孩子就是自己的全世界，有的说孩子就是自己的生命……

可是，很少有父母把孩子当成一个独立的人，有些父母明显将孩子物化，这使得这些父母注定不太可能看到孩子的内心世界。或者可以说，阻挡了这些父母视线的就是他们对孩子的物化的认知。

这样的父母会关注孩子有没有吃饱、有没有穿暖，能准确地描述孩子的生理细节，但是不肯朝孩子的内心看上一眼。那些遭受"童年期情感忽视"的孩子，一开始都是积极主动的，他们会

非常乐于向父母分享自己内心的感受，并提醒父母要看见自己的情感需求，有时行为还会表现得非常激烈，比如摔东西、大声哭闹。但是，就像有句话说的那样："我们永远没办法叫醒一个装睡的人。"

有些父母已经在心里对孩子形成了物化的认知，也就等于认定了孩子不会有情感需求，自然也不会去关注。所以，在父母的这种认知下，孩子的情感受到忽视就成为一种必然。

当我们想要解决孩子"童年期情感忽视"这个问题时，首先要解决的不是具体的做法，而是要解决对孩子的看法这个问题。父母只有在认知上承认孩子是独立的人，承认孩子有独立的人格，才会真正认真对待孩子的情感需求。只要父母拥有了这样的认知，能够真正看见孩子，看见孩子的内心，亲密的亲子关系就能水到渠成地拥有了。这样，所有孩子就都会被父母的目光照亮，因为遮挡父母目光的那层障碍已经消失了。

被窥视、被监视感：
树立边界感，让孩子成为他自己

小孩子的房间没有门

"在我妈的世界里，我的房间没有门。"

这是几年前在网上流行的一个"梗"，人们只是当段子来听。但是我对这类话题比较敏感，能很轻易地还原出这句话所呈现的鲜活的场景。

小华的房间也是"没有门"的，自和父母分房睡的那一天起，小华房间的门就没有关上过。十岁之前的小华很享受这种感觉，家里的大人从门外路过都会习惯性地向里面张望一下。晚上小华睡着了，父母也会起来，来小华的房间里，给小华披披被角，把小华露在外面的手、脚放回被子里……这些来自父母的无死角的呵护，给了小华足够的安全感。

可是，十岁以后，小华突然想要关上自己房间的门了，因为父母时不时地张望，这让他觉得不自在，他也不再习惯父母深夜的造访。于是，他悄悄地关上了房门，借此释放某种信号。但是，妈妈显然并没有接收到这种信号，关着的房门也没有阻止她"长驱直入"。于是，小华索性在关上房门时顺手将房门反锁。但他的这一举动却招来妈妈的质问："你把自己锁在房间里干什么坏事？"

小华说，他只是想拥有一个属于自己的独立空间，不想时时刻刻暴露在别人的目光下。这些话小华说得郑重其事，却惹来妈妈一阵大笑："臭小子，你是妈妈身上掉下来的肉，你要什么独立空间？告诉你，以后不许关门，更不许反锁！"

父母要知道，你的孩子并不是你的孩子

"小孩子的房间没有门"，这在现实中是非常普遍的现象。有些父母之所以说"小孩子的房间没有门"，是因为这些父母认为孩子的房间根本不需要门。而一旦他们觉得孩子的房间不需要有门，这个房间是不是真的有门就不重要了。而有的孩子说"自己的房间没有门"，并不是说真的没有门，而是父母对孩子的房间拥

有绝对的出入自由——他们通常进入房间前不敲门，也不会提前告知。

但是，当我们在讨论孩子房间的门时，我们到底在说什么？我们真正讨论的是亲子关系中的边界感。"边界感"是个心理学名词，指的是人与人之间内心的自我界限，是言行举止的分寸。"心理边界"只是一个形象化的描述词语，其背后有多元化的心理因素。最通俗的理解就是：你的事情归你，我的事情归我，彼此之间不包办、不代替、不越界。在所有家庭关系中，最容易出现边界感缺失的就是亲子关系。

比如：孩子上学，父母帮孩子背书包；孩子出门游玩，父母帮着拿水壶；父母帮孩子穿衣服、系鞋带、收拾屋子……这些看起来是再正常不过的爱孩子的行为，但如果孩子已超过一定的年龄，父母还这么做，那就是典型的缺乏边界感的表现。父母缺乏边界感，对孩子的心智成长和人格成熟会造成非常大的负面影响。父母的代替和包办行为会让孩子产生严重的依赖心理，孩子因此很难形成完整、独立的人格。而父母习惯性的越界，又会剥夺孩子的安全感。长此以往，会造成孩子的生理年龄和心理年龄严重不符的情况，也就是心理学常说的

"心理巨婴"。

而且，在孩子的成长过程中，边界感缺失的父母会理直气壮地压迫孩子的心理成长空间，会对亲子关系造成极大破坏，有可能导致孩子极度叛逆和反抗。对此，著名心理治疗师曾奇峰老师曾做过一个比喻：

"悬崖的边界很清楚，所以我们不会靠得太近；但是水的边界比较模糊，所以经常会淹死人。"

曾奇峰老师的这句话，道出了关于边界感的核心信息：亲子间的边界因为模糊，所以很难把握；因为很难把握，所以会严重到"淹死人"的程度。

允许孩子成为自己，有边界感的父母真酷

在亲子关系中建立清晰的边界，主要靠父母的心理边界感，而父母的心理边界感的确定则需要"认知破壁"。简单地说，就是一句话——别把你的孩子当成你的孩子。

这句话跟黎巴嫩诗人纪伯伦的《论孩子》这首诗的内在逻辑相通。纪伯伦在诗中说：

"你的孩子，并不是你的孩子／他们是生命对于自身渴望而诞生的孩子／他们借助你来到这个世界，却并非因你而来／他们陪伴

你，却并不属于你／你可以给予他们爱，却不能给予他们思想，因为他们有自己的思想……"

建议父母多读几遍纪伯伦的这首诗。领悟这首诗的真谛，有助于父母在亲子关系中更好地建立边界感。因为在我们以往的认知中有个根深蒂固的观念——"我的孩子，就是我的孩子"。

为什么有些父母热衷于挤压孩子的心理空间，哪怕是以牺牲亲子关系为代价？主要是出于对孩子的关心和爱护。但是，这种关心和爱护并没有建立在信任孩子的基础上。也就是说：这些父母虽然关爱孩子，却并不相信孩子，于是，就会做出越界行为。

当父母心中有了"要有边界感"这个意识之后，在实践的过程中还要注意权利和义务的平衡。父母要告诉孩子：你想要自己独立的空间，这没问题，但是，你得向我证明你有足够的自控能力。你可以关上房门写作业，但是你得保证按时完成。如果房门关上之后你的作业总是完成得不理想，那么，恐怕你的房门还是需要打开的，因为缺乏自律能力的孩子确实需要别人监督。另外，在自理能力方面，如果孩子自己能独立做好某件事情，那父母就应该把独立完成某件事的权利交给孩子，然后告诉孩子："这是你的事情，需要你自己来做，你有能力独立完成，我也允许你自己做决定。"

这样，父母和孩子之间就有清晰的边界了，孩子就有机会成为他自己，而不是成为某个人的孩子。当然，在此过程中父母要有耐心，要让孩子慢慢具备做好某件事情的能力。

Part 4

被抛弃感：爱的责任，会爱他人的孩子更懂得被爱

看妈妈照顾妹妹，我也不想自己穿衣服了

大宝闹脾气了，坐在床上，眼泪在眼眶里打转儿，哭唧唧地对奶奶撒娇："我不想上学，我不会穿衣服。"

奶奶有些吃惊，不解地望着大宝："平时都是你自己穿衣服呀！今天怎么就不会了？"

奶奶的反问让大宝看起来更委屈了，眼泪顺着脸颊流了下来："我也不知道！反正我就是不会穿衣服，我也不想去上学。"

大宝边说边哭。

奶奶赶紧拿纸去给大宝擦眼泪："这可不像你平时的表现，你再哭小心把妹妹吵醒了。"

没想到大宝听了奶奶的话后，抽泣马上变成了号啕大

哭："那你们都去管妹妹吧，我不要你们管！"

大宝的哭声终于引起妈妈的注意，她手中拿着牙刷，嘴边挂着牙膏的泡沫出现在房间时，奶奶手中正举着衣服，大宝躲在床角。

晚上要照顾十来个月的小女儿，白天还要上班，虽然有奶奶帮忙，妈妈仍显得很疲倦。也许是看到了妈妈脸上的疲倦，也许是从妈妈"喷火"的眼神中意识到事情的严重性，大宝终于一脸不情愿地让奶奶给穿上了衣服，准备去上学。

原来，行为倒退是因为害怕被抛弃

在孩子成长的过程中，有一种现象叫作"行为倒退"。这个词说的就是大宝这样的情况——之前很多事情明明会做，可是在进入某个阶段后，突然出现了倒退的情况——原来会做的事情没来由地就不会做了。所以，当大宝说自己不会穿衣服时，他并不完全是在撒娇、耍赖，他可能是真的不会了。

行为倒退这件事本身对孩子的成长并没有什么特别重大的影响，倒是父母对孩子行为倒退这件事的反应会对孩子造成很大的影响。父母当然希望自己的孩子能够不断地长本事、不断地进步，对于行为倒退这种事既不能理解，也不能接受。一般来说，父母本能的反应就是：

"这孩子又调皮了。"

"肯定是故意的。"

"这大概是在向我示威吧？"

…………

接下来，有些父母要做的自然就是"驯服"孩子，治一治孩子的脾气，好让孩子乖一点儿。殊不知，在这番操作之下，孩子才真的是有苦难言。孩子出现行为倒退，不仅父母着急，其实孩子更着急——孩子不仅自己内心着急，还要承受来自父母的"反击"。父母的"反击"越凶猛，孩子承受的压力就越大，行为倒退现象就会变得越严重，进而影响孩子身心健康。

儿童心理学家图瓦·克莱因（Tovah Klein）曾这样解释行为倒退出现的原因："当孩子遇到一些压力或新的事情时，他的行为可能出现倒退，这是常规的、过渡性的变化。"

在令自己焦虑不安的压力面前，孩子会通过行为倒退这种方式来获得更多的安全感，希望通过这种方式从父母那里得到更多的安慰和保护。

所以，当孩子表现出某种程度的行为倒退时，父母不要大惊小怪，更不要第一时间就想着去"驯服"和"拿捏"。那样只能使孩子想要从父母那里获得安慰的计划落空，从而让孩子的行为倒退情况变得更加严重。

用责任促进爱的传递，让我们一起爱弟弟（妹妹）吧

"孩子一定是遇到什么麻烦了，他需要我们的支持和帮助。"

当孩子出现行为倒退时，我是这样对家长说的。这才是父母对孩子出现行为倒退时的正确反应。接受并包容孩子的某种行为倒退，第一时间给予孩子精神上的支持，然后再找出问题出现的原因，并试着解决它们。

让我们再回到上述故事的场景中，不难看出，大宝表现出的行为倒退很有可能和妹妹有关。大宝已经具备一定的自理能力，而小妹妹才出生十个月，显然妹妹需要更多的关爱和照顾。但是在妹妹出生之前，家人的关注肯定都是属于大宝的，妹妹出生后，大宝难免会觉得妹妹夺走了爸爸妈妈和奶奶对自己的关爱，并担心有了妹妹之后他们就不再爱自己了。这种担心和嫉妒在非独生子女身上非常常见，孩子的这种被抛弃的感觉如果没能在第一时间得到父母的足够重视，就有可能发展成焦虑和恐惧，从而出现行为倒退的情

况。所以，奶奶说"小心把妹妹吵醒了"，更是在无意中刺激了大宝的情绪，他才会说出"那你们都去管妹妹吧，我不要你们管"这样的话。

所以，解决孩子的行为倒退这个问题的关键就变成了二孩家庭或多孩家庭如何处理孩子之间关系的问题。对于平衡几个孩子之间的关系，父母最常用的办法就是所谓"一碗水端平"。用一个家长朋友的话来说就是：

"就是从外面捡草棍儿，你都得捡两根一样的。"

这话听着就觉得不简单——这样的"一碗水端平"确实很难做到。关键是这种"一碗水端平"的绝对公平思维其实是将两个孩子放在了一种完全对立的、零和博弈的关系当中。在这样的关系中，孩子就会处处去比较、去计较。孩子一旦有了这样的心态，这碗水就真的很难端平了。

那有没有更好的办法呢？著名犯罪心理学专家、教育心理学专家李玫瑾教授认为，在这种情况下，要尽可能让大孩子参与对弟弟妹妹的照顾活动中，而不是把他晾在一边。把孩子们的关系从对立变成照顾和被照顾的关系，就是对关系的本质进行改变。父母和家里的大孩子一起照顾弟弟妹妹，大孩子一旦适应这种角色，与弟弟妹妹之间的关系就会变得很融洽。大孩子在主动照顾弟弟妹妹的过程中会收获一种自我认同感和成就感，这对大孩子来说是一种极大的满足和激励。

孩子之间这种关系的确立，主要取决于父母。父母在准备要二胎之前就要把大孩子真正当作家庭中独立的一员，主动寻求他的意见，争取他的支持，告诉他我们将一起迎来一个新的家庭成员，并需要一起来照顾这个新成员。当然，在这个过程中父母还要给大孩子足够的爱与关注，给他足够的安全感，保证不会因为弟弟妹妹的到来而忽视他。这样，大孩子才会更容易适应照顾者的角色，从而为弟弟妹妹做力所能及的事情。

　　当然，父母这样做也需要兼顾公平的原则。关系中如果任何一方有长期牺牲和受委屈的情况，关系就注定不会长久。一旦大孩子进入照顾者的角色，父母就应该主动给予他更多关注，让父母的这种更多的关注成为他为弟弟妹妹付出的正向激励。这样，大孩子就会彻底摆脱被抛弃的恐惧，从而能够和父母一起完成爱的传递。

被指责感：
讨论错误时最好让孩子抬着头

妈妈总说是为我好，可我觉得她只是对我不满

"你要是有一半像姐姐就好了。真不知道一个妈生的怎么差别那么大！"

"你看，你姐姐每次考试成绩都在班级前三，回家写作业根本不用我钉。而你，我即便每天钉着你写作业，你也是一会儿喝水一会儿上厕所的。"

"每次去开你的家长会我都会觉得脸红。这次家长会上我又向老师承诺以后多督促你学习，争取让你的成绩不拖班级后腿。"

"我都是为了你好！你要好好学习，现在社会竞争压力大，你现在不努力以后连工作都找不到。"

…………

"上面这些话都是我妈妈平时经常对我说的。其实，我感觉自己并没有那么糟糕，我只是学习不太好而已。可是在我妈妈的嘴里，我简直就是一无是处，她一开口就是我的各种不好。她对我永远只有责备。"这个男生显然把我当成了朋友，对我诉说着心中的委屈。

就像这个男生所说的，他的成绩不太好，但他绝不是一无是处。为了给父母省时间，他早上去楼下买全家的早点；家里的地脏了，他根本不用父母说，马上就会打扫干净；父母下班前，他会提前煮饭，把菜择干净；他还有很强的组织能力，能够团结同学，同学都很喜欢他。

但是这些，他的妈妈好像都看不见。他也曾向妈妈抗议过，但是妈妈总说："我说你还不都是为你好？我怎么不说别人呢？"

听到这句话，他就又不知道该如何辩驳了，只好把不快憋在心里。时间长了，他甚至觉得妈妈会不会只是因为看不惯他而说他，并不是像妈妈说的"都是为了他好"。

被指责感让孩子逐渐远离父母

这个世界上没有一无是处的孩子，同样也没有不存在任何优点的孩子。作为父母，与孩子讨论他们的缺点和错误绝对是躲不开的事，但是没有多少父母能把这件事做好。父母和孩子在这件事上的矛盾仿佛是不可调和的。

平心而论，父母对孩子说的"我都是为你好"绝对是发自肺腑的。但是孩子常常感觉父母说这样的话只是因为看不惯自己，是为了指责而指责。孩子为什么会出现这样的感受？可能与父母处理孩子的问题时的心态有不小的关系。父母常见的一种心态就是：先要"压住"孩子。他们觉得，只有先把孩子"压住"，孩子才有可能老老实实地听自己说话。可是，这样一来，孩子只体会到了被指责的感觉，却没有像父母设想的那样好好地听话。

被指责感会对孩子造成什么样的影响？《赞扬与责备》这本书中这样说：

"责备引发的羞耻和内疚，有积极正面的存在价值；但责备也具备摧毁性，它激发的是排斥和被驱逐的恐惧。"

要想发挥出责备的积极正面的价值，就需要学会正确地责备。而过多地指责会激发出孩子内心的被排斥和被驱逐的恐惧。所以，那些经常被责备，并因此而产生自责感的孩子会离父母越来越远，并在远离父母的过程中变得胆小自卑、暴躁叛逆。

先处理好自己的情绪，再讨论孩子的错误

孩子身上不可避免地存在这样或那样的问题，这些问题父母不得不指出来。指出来时还不能让孩子有多过的负面情绪，不能让孩子因为被指责感而离我们越来越远。那么，作为父母，我们到底该怎么做？

那些善于和孩子讨论问题的父母都明白一个道理：在讨论孩子的错误时，一定要让孩子抬着头而不是低着头。他们相信只有抬着头的孩子，才能更好地理解和解决他们所讨论的问题。这一点，和那些想要在讨论问题前就"降服"孩子的父母的想法区别很大。

"让孩子抬着头"，这是个很形象、很有画面感的说法。我们可以想象的是，抬着头的孩子的情绪应该还是不错的。怎样才能在讨论孩子的错误或问题时让孩子抬着头呢？

（1）自查状态。在和孩子开始讨论前，父母最好做一下自查，以确认自己不是指责型人格。回顾一下自己平时的言行：自己在处理问题时，有没有习惯性的指责行为，有没有想过自己应该承担的责任；自己在指出别人的错误时，有没有高高在上的愉悦感。

如果你总是习惯性地指责，并在指责的过程中获得愉悦感，且不觉得自己有什么不对的话，那你可能真的就是指责型人格。那么，你要小心了，你在与孩子讨论孩子的问题的过程中，要特别关注自己的状态，并随时做出调整。

（2）自查情绪。在与孩子讨论孩子的问题前，父母要自查一下自己的情绪，看看有没有压抑不住、非要发泄出来的感觉。虽然父母心里想的是帮孩子、和孩子一起解决问题，但一旦被情绪左右，事前所设想的讨论往往变成父母单方面的情绪宣泄。所以，父母在与孩子讨论前，不妨先感受一下自己的呼吸节奏和心跳。确认自己能够平静地讨论后再开始，效果就会好很多。

（3）做一份预案。不需要多复杂，但是必须明确写出要讨论的问题，以及要达成一个什么样的目标。有一些话是不能对孩子说的，比如："你怎么那么懒""你为什么那么笨""你真让我觉得丢脸"……

请学会使用一个来自心理学家简·尼尔森（Jane Nelsen）的批评通用公式：

批评=陈述事实+确认可罚性+表达感受（痛苦）+保住孩子的自我价值+期望

陈述事实时一定要客观、真实、清晰，不要夸大或渲染，而要如实陈述。这样，孩子接受起来会容易得多。

事实讲清楚了，还得告诉孩子这件事到底错在了哪里，会有什么样的危害，会造成什么样的后果，为什么非得一起讨论这个问题，这就叫作确认可罚性。

表达感受对于大多数父母来说真的是一个技术活。因为感受非常主观，也非常感性，表达时稍不注意就会让孩子觉得父母是在嫌弃他或者父母是在对他进行人身攻击。父母可以表达伤心、生气的感受，但是千万不要说"因为你而觉得丢脸"这样的话。

至于怎么去保住孩子的自我价值，就需要人事分离、就事论事。当我们讨论错误时，我们只说错误本身，只说那些错误的逻辑和错误的行为，而尽量不去谈"错误的人"。事实上，任何事情中都只有错误的逻辑和错误的行为，而不存在一个"错误的人"。虽然孩子的某些逻辑和行为确凿无疑地错了，但是这并不影响他是个好孩子，更不影响爸爸妈妈对他的爱。

为了得到预想中的效果，当然要对孩子提出期望。在保住孩子的自我价值后，提出期望就变得容易多了。有了爱和信心作为基础，再给孩子一个既定的方向和可量化的标准，一切都会朝着好的方向发展。不过，父母提出的期望最好是具体化或可量化的。

憋闷感：
让自己闭嘴比让孩子闭嘴高明多了

总是让孩子闭嘴的妈妈很讨厌

"我感觉我媳妇要被我儿子逼疯了。他们两个要是再这么对峙下去的话，我想我也会受不了的！但是想想吧，又觉得孩子没什么错，他也挺委屈的。我知道肯定是哪里出问题了，但是我真的不知道问题到底出在哪里。"

这个年轻的爸爸说的是儿子和妈妈之间的矛盾。六七岁的儿子和他妈妈都是伶牙俐齿的人，母子俩经常爆发"战争"。

"比如呢？"我很想听听他们之间爆发"战争"时到底是什么样的情形。

"比如，妈妈说：'你为什么不收拾书包？'

"儿子就会说：'我只是现在还没收拾，过一会儿再

收拾。’

　　“妈妈接着说：‘为什么就不能先把书包收拾好再去做别的呢？’

　　“儿子：‘总是会有先有后呀。我要是先收拾书包，你会不会说：为什么要先收拾书包呢？’

　　“妈妈：‘你这孩子哪儿来那么多话？我说一句你就顶一句，故意的是吧？’

　　“儿子：‘我可真不是故意的，但是我总得告诉你我心里是怎么想的吧？！’

　　“妈妈：‘你能不能闭嘴？你想气死我是吧？’

　　“儿子：‘你既然想让我闭嘴，为什么还一直跟我说话？’

　　“然后，我媳妇就会特别崩溃，大声朝我喊：‘你管不管你儿子？’

　　“我也想管，但是想想，我要怎么管？听起来孩子也没错啊！直接让孩子闭嘴？不闭嘴就打一顿？好像这样也不对。”

　　能听得出，这位年轻的爸爸确实不容易。当妈妈因为被孩子惹得情绪崩溃而迁怒于爸爸时，其实是很难哄的。爸爸又不能简单粗暴地把儿子打一顿给妈妈出气。

孩子的嘴巴一旦闭上就很难再打开

这位爸爸很不错，妈妈情绪崩溃而迁怒于他时，他并没有不问缘由地用暴力压制孩子，而是去思考该不该让孩子闭嘴，单是这个行为就比一些简单粗暴的爸爸妈妈好。

让孩子闭嘴是很多父母都想过的问题，很多父母不仅想过还多次实践过，并且，一部分父母用的还是暴力手段。那么，到底应不应该让孩子闭嘴呢？在回答这个问题之前，我们不妨先讨论一下：那些被父母强制闭嘴的孩子后来都怎么样了？

从性格上来说，不被允许表达的孩子容易产生三大问题：越来越沉默、孤独，越来越压抑自我，习惯性地自我否定。然后事情就会朝着另外一个极端发展——当我们追着孩子想要跟他谈谈时，我们会发现已经没有办法让孩子开口了。

当我们终于不会从孩子嘴中听到让自己怒火中烧的"废话"时，却发现孩子好多没有说的话都变成了他私底下的活动。

当有些特别重要的问题需要父母征求孩子的意见时，父母却发现孩子只会说"都行""你看着办""我不知道"。

所以，有一句话，我们作为父母一定要记住：所有不被听见的孩子，最后都沉默了；所有不被允许的表达，最后都变成了芥蒂。

这么看来，让孩子闭嘴显然并不是十分明智的做法。那么我们再思考一个问题：为什么我们总想让孩子闭嘴呢？

曾有朋友在知乎上寻求帮助，大概意思是说女儿马上就要上大学了，想要用以往父母奖励自己的钱买一个奢侈品牌的包，作为父母，应该怎么跟孩子讨论这件事？

有一位答主的回答特别棒："如果是我，我什么都不想说。我想听她说。"

后来这位答主还说了另外一句话，振聋发聩："（我们）太想做一个家长，却忘了先把孩子当成一个人。"

这个回答应该道出了父母总想让孩子闭嘴的根本原因吧？我们太想做家长了，感觉不对孩子说点儿什么就不称职；我们太想做家长了，感觉说出来的话就应该被孩子听从，不应该被孩子反驳。一旦我们认定不该被反驳的话被孩子反驳了，我们的第一反应是："你怎么敢反驳我？"觉得自己被反驳了就不像一个家长，然后就会要求孩子闭嘴。

聪明的妈妈总是会适时闭嘴——这很难，但很值得

很多时候就是这样——道理很容易讲明白，但是想要把事情做好却真的很难。很多父母说："我也想平心静气地听孩子说话，但是孩子的话也不能听呀！"这确实是不争的事实，受思维、认知和经验的限制，用成年人的标准来做判断的话，确实会觉得孩子说的很多话非常幼稚。但是，希望父母能够明白，当我们说听孩子讲话时我们真正要说的是：

"我们保障每一个孩子表达的权利，呵护每一个孩子表达的欲望和能力，但是并不一定要认同孩子说的每一句话。"

一定要搞清楚：我们并不是要盲从孩子，而是让孩子拥有表达的权利；我们要放下家长身份的桎梏，和孩子进行平等的交流，通过沟通促进孩子进步。

那么应该怎么做才好？说起来很简单，就是：少说、多听。如果非要说，那就少评判、多引导，但是只知道少说是远远不够的。从知道到做到，中间需要经历一个心理和语言的脱敏训练。心理脱敏就是：要放弃父母说什么就是什么，父母说什么孩子就应该

听什么的固有认知，而是把自己的话当作开启某个话题的引子，从而慢慢适应孩子的质疑、反驳和建议。语言脱敏就是：要对那些会在瞬间点燃自己的情绪，让自己处于防御和对立姿态的关键词"脱敏"，我们要在反复的沟通中不断总结和刻意训练。

经过一段时间刻意的脱敏训练后，我们对孩子的质疑和反驳所产生的反应会越来越小，不会着急地反驳，能够耐心地听孩子把话说完。不过，父母闭嘴是为了让孩子有机会表达内心的想法，孩子讲完了，家长就不能继续沉默了，否则就会变成忽视和不理会，有可能成为孩子眼里的"冷暴力"。但是，这时候又有个常见的误区，就是父母总想去评判、总结、定性。这是我们做父母的思维惯性，我们太习惯于这么做了。其实，我们完全可以选择另一种方式：认可、鼓励、建议。

孩子说的话不一定合理，但是站在孩子的角度来看，也未必完全不合理。即便在道理上我们对孩子所说的并不认可，但在情绪上也可以给予认同。很多时候，孩子并不一定非要父母怎么样，所谓顶嘴不过是孩子想在父母面前刷一下存在感，表达一下自己的情绪，告诉父母："宝宝有情绪了，宝宝不高兴。"

而且，越是在这种情况下，孩子说出来的话就越显得不合情理。但是，对于极不合情理的顶嘴，父母若是做到了情绪上的认同，从孩子的视角来说，你们就是"一伙儿"的了。然后，父母鼓励孩子继续表达，再把自己的观点从命令式改成建议式，那么，父母和孩子之间达成一致的可能性就更大了。

当然，并不能指望以上方法能解决所有的父母和孩子之间的沟通问题。最后只能让规则说话——如果实在不能改变孩子的想法，就做好约定，让孩子适当承担相应的后果。有时，一次现实的教训比多少次苦口婆心的劝说都有效。

Part 7

不公感：
世界偶有不公，我们需要和解

妈妈，这个世界不公平

"妈妈，我不想去幼儿园了，我有点儿不开心。"

四岁的乐乐之前很喜欢去幼儿园，性格外向的她在幼儿园里交了很多朋友。今天她突然这么说，妈妈感到有些意外。

"为什么不想去了呢？是不是和小朋友闹别扭了？"

对于女儿不想上幼儿园的原因，妈妈第一个想到的就是女儿和别的小朋友闹了矛盾。小孩子嘛，吵吵闹闹，发生了不愉快的事也是正常的。

"不是的，妈妈，我觉得幼儿园的老师不喜欢我了。他们抱别的小朋友，却不抱我；他们照顾别的小朋友吃饭，却不管我。那是个不公平的地方，我再也不想去幼儿园了。"

"那好吧，你心情不好，今天就不去幼儿园了。妈妈带你去游乐场怎么样？等心情好了再去幼儿园。"

妈妈想，乐乐说的情况很可能是真的。但是幼儿园老师说过乐乐的自理能力比较强，可能老师会因此对她的照顾比别的小朋友少一些吧。这事也不好找老师聊，不如先补偿一下女儿，也许孩子一高兴就把这事忘了呢。

"妈妈，我说的不是游乐场，我说的是幼儿园！"对于妈妈的处理方式，乐乐很是不满。

"老师那么做肯定是有原因的吧，你只要乖乖的就好了呀。"虽然女儿不买账，但妈妈还是耐着性子解释。

"你根本不知道我在说什么！我不去幼儿园，也不去游乐场！我哪儿都不想去！"

"游乐场咱不去了，但是幼儿园今天必须去！"

妈妈终于失去了耐心，对乐乐直接采取强制措施。

孩子感受到的"不公平"，很可能只是主观上的"不公平感"

让我们来了解一下"不公平"和"不公平感"吧。乐乐和妈妈的谈话看似在说同一个问题，实际上却是各说各话。因为妈妈和乐乐始终在进行一场无法聚焦的谈话，所以问题解决起来也就没那么容易了。

乐乐对妈妈说不想上幼儿园是因为受到了老师的不平等对待，并且举了两个具体的例子。乐乐说的是事实，是事实的不公平。但乐乐陈述的事实不过是缘由和过程，她真正要表达的是自己所感到的不公平感，这是她表达的指向和目的所在。但是对于乐乐说的话，妈妈好像听懂了，又好像没听懂。对于乐乐讲的两件事，妈妈的感觉是"这有可能是真的，但并不是什么大不了的事情"。至于乐乐表达的不公平感，妈妈觉得只要用别的方法哄一哄乐乐就好了。

先说事实上的不公平吧。事实上的不公平存在吗？当然存在，不仅存在，很多时候我们还无法左右。

所以作家刘墉才会对自己的女儿说：

孩子，你愈大，愈会发现这世界上有许多不公平。面对不公的最好的姿态就是：淡然接受，不自怨自艾，也不怨恨敌视，努力奔跑，同样能抵达终点，看到最美的风景。

这些常常存在的事实上的不公平又是怎么界定的呢？现实就是，更多的时候我们都是依靠自己的主观感受来判定的。所以说，我们看似是在讨论客观事实上的不公平，其实我们是在讨论主观意识上产生的不公平感。也就是说，我们口中所谓不公平，其实更有可能只是我们主观感受到的不公平感。尤其是2~7岁的孩子，把主观感觉当成客观事实的概率更是高得多。

按照儿童心理学家让·皮亚杰（Jean Piaget）在《儿童的语言和思维》一书中提到的自我中心理论的说法，儿童的认知发展按照年龄可以分为四个阶段：2岁之前为第一个阶段，叫作"感知运动阶段"；2~7岁为第二阶段，叫作"前运算阶段"；7~11岁为第三个阶段，叫作"具体运算阶段"；11岁以上为儿童认知发展的第四个阶段，叫作"形式运算阶段"。

而2~7岁这个阶段有一个非常重要的特征，就是以自我为中心。这个年龄段的孩子只会从自己的立场和观点去认识事物，而不能站在客观的、他人的立场来认识事物。这个年龄段的孩子，不管是没得到自己想要的，还是他人没有按照自己的意愿分配物品、任务等，都会在主观上产生强烈的不公平感，并就此认定自己遭遇了不公平对待。

用成年人的标准来看，孩子对不公平对待的判定依据似乎显得不够充分，甚至显得有些无理取闹，但是从儿童认知发展的角度来看，这个阶段的孩子就算是看起来有些无理取闹，也应该被包容和理解。

聪明的父母自带建设性建议

对于受认知发展局限而更容易被主观的不公平感支配的孩子，父母需要对其给予无条件的、足够的包容和理解。但是这并不等于作为父母的我们可以什么都不做，因为这样无疑是在纵容孩子这种把自己感到的不公平感当作客观的不公平的行为，并对孩子从第二认知阶段过渡到第三阶段产生非常不利的影响。

那么，正确的应对方式应该是怎么样的呢？

简单来说，无非就是在不同立场之间来回转换。处在认知发展第二阶段的孩子，缺乏站在他人立场上对事物进行客观认识的能力。我们了解这个客观情况后，就要以此为基础，顺应这个阶段孩子的认知特点，以身入局，先从孩子的立场来看待事物、事件，以使自己更准确地捕捉孩子的真实感受，从而更好地理解孩子的情绪，给予孩子情感上的认同。

乐乐妈妈如果能够真切地感受到女儿的情绪，可能就不会想出带她去游乐场哄一哄她的主意了。妈妈和乐乐之间的对话就很可能变成下面这样。

妈妈："老师这样的做法，让你感到很难过，是吗？你是不是觉得老师是因为讨厌你才这么做的？"

乐乐："是的，妈妈。我就是觉得老师们都不喜欢我。他们不喜欢我，我觉得很难过，我也有点儿讨厌他们了。"

…………

这样一来，接下来她们之间的对话最起码能够围绕着乐乐的感受来进行，就能做到对话的聚焦。一旦实现对话的聚焦，前面故事中的问题解决起来就容易多了。

当然，只有感受和情绪上的认同，对话的聚焦性还不够。接下来，父母还要跳出孩子的立场局限，引导孩子从他人的立场来重新认识事情。比如，妈妈和乐乐的对话可以像这样进行下去。

妈妈："那么，有没有可能是别的小朋友不能很好地照顾自己，老师才去帮助他们的呢？你再想想。"

乐乐："好像是的，有的小朋友因为想妈妈哭了，老师就去抱一抱、哄一哄。还有的小朋友不会自己吃饭，老师就去喂他们。"

妈妈："那乐乐平时的表现怎么样呢？"

乐乐："我的表现很好呀，我不哭闹，也能自己吃饭，不用老师喂。"

妈妈："看来，老师没有抱你，也没有喂你吃饭，并不是因为不喜欢你，而是因为你比这些小朋友表现得更好。"

…………

如果妈妈和乐乐进行上面这样一场对话，相信乐乐因为认知限制而产生的不公平感就能消解得差不多了。但是，问题到这里还没有彻底解决。要想彻底解决问题，需要父母给孩子更多建设性的建议。因为随着孩子慢慢长大，他们终究是要面对客观存在的不公平的。面对客观存在的不公平，抱怨无济于事，孩子需要从父母那里获得更多建设性的建议来改变现实状况，直到孩子把改变代替抱怨当成一种习惯。让我们把这场对话再继续下去。

　　妈妈："但是你还是想获得老师的关注，对不对？我想，这样你会更开心一些。"

　　乐乐："对呀，不然我会觉得老师像看不见我似的。"

　　妈妈："那如果是得到老师的表扬呢？你会不会超级开心？"

　　乐乐："比老师喂我饭还要开心！"

　　妈妈："那要是别的小朋友哭的时候，你去哄一哄他们，他们需要帮助的时候，你去帮助他们呢？老师会不会因为你对其他小朋友的帮助而关注你呢？"

　　乐乐："妈妈，我好像知道以后要怎么做了。"

惭愧感：
把"我把最好的都给了你"
换成"你值得拥有更好的"

妈妈把最好的都给了我，我却没能考出好成绩

女孩低着头，静静地坐在自己的座位上，双手不停地揉着衣角。

已经放学了，别的孩子都像鸟儿出笼一样，早已离开教室。而这个女孩的书包已经收拾完毕，却没有要走的意思。我一看，孩子这是有心事呀！

"思思，放学了，你怎么还不回家？"

女孩不说话。

"是谁欺负你了吗？你告诉老师。"

女孩摇摇头。

"那是身体不舒服吗？"

"不是。"女孩的眼里已经噙满泪水。

我一下子紧张起来。

"遇到什么困难了吗？你说出来，看看老师能不能帮你解决。"

女孩咬着嘴唇。

"放心吧，思思，老师保证不会告诉别人，好吗？"

思思上课时专心听讲，课后认真完成老师布置的作业，写作业时字迹工整。她说，每次写作业妈妈都会陪着她。

"老师，"她小声说，"我感觉自己很没用。"

"你怎么会这么想呢？"

"妈妈上班很辛苦，还花了很多心思辅导我学习。"

"那是妈妈想让你更优秀。"

她从书包里拿出试卷。我知道，这次考试思思的成绩不理想。

"妈妈总说，我必须用好成绩来回报她。"

"思思，这次成绩低一点儿没关系的，只要继续努力就好了。"

"我不想见妈妈，她肯定会很失望。"

"你觉得自己很惭愧，是吗？"

女孩的头更低了："妈妈白天很辛苦，但她每天晚上都陪着我做作业。"

悲情教育之下的愧疚感正在偷走孩子的安全感

有一种错误的教育方式叫"内疚式教育"，是很多父母的"鸡娃（指的是父母为了孩子能考出好成绩，不断地给孩子安排学习任务和各类活动，不停地让孩子去拼搏的行为）神器"，在有些家庭中，内疚式教育几乎已经成为日常亲子沟通的内容，父母每次打出这张"牌"都能收获不错的效果。这也是很多父母乐此不疲地实施这种教育方式的原因。但是，与激励效果相比，这种教育方式对孩子的内心造成的伤害可能更大一些。只不过，与激励效果相比，对孩子内心的伤害更为隐蔽，不容易被察觉。所以，这其实是一种"有毒"的教育方式。

内疚式教育来自心理学上的一个概念，叫作"愧疚诱导"。愧疚诱导，是指在关系中通过让对方感到内疚的方式，达到让对方服从自己意愿的目的。在亲子教育的语境中，这种以愧疚诱导为核心的教育方式就被称为"内疚式教育"。

内疚式教育之所以能够在某种程度上激发孩子的潜能，就是因为父母通过诱导和暗示，让孩子觉得如果自己达不到父母的期望，自己就是个坏孩子，或是忘恩负义、大逆不道的孩子，等等。这种教育方式对于孩子，尤其是对于那些"懂事"的孩子来说，相当于一种精神恐吓。在这样的教育方式下，孩子会尽全力把事情做好，以达到父母的期待。内心的恐惧有多深，做事的动力就有多大。所以，这种教育方式看起来经常是有效的。

我们盘点一下父母采用内疚式教育时最常说的话，看看有没有很熟悉的感觉。

"我们舍不得吃，舍不得穿，把所有的钱都花在对你的培养上了，你有什么理由不努力？"

"如果不是为了让你有个好前途，咱们家早就换大房子了，我和你妈妈也不用那么辛苦。"

"当年我们上学时连饭都吃不饱，现在我们把最好的都给了你，就是为了让你好好学习！我们这点儿要求过分吗？"

…………

或许父母说的是事实，他们平时的付出孩子都看在眼里，再经过语言强化，使得不管是父母还是孩子，都坚定不移地认为：如果没能让父母满意，孩子就是"十恶不赦的罪人"。如果孩子拼尽全力，却没能达到父母的期望，结果自不必说。

其实，即使这些孩子达到了父母的期待，结果也未必就能皆大欢喜。那些说着要考出好成绩、考上好大学的孩子，他们努力的动力和目的已经被悄悄地置换了，他们仿佛不再有自己的人生，努力的动力和目的是去达到父母的期望。更有极端的情况——在父母得偿所愿以至喜极而泣时，孩子离开了，只留下一句：

"我做到了，不欠你们什么了。"

这就是因为内疚式教育耗尽了孩子的心力却没有让孩子找到一个属于自己的目标。

把"最好的都给了你"换成"你值得拥有更好的"

如何改变我们之前已经习以为常的内疚式教育？

首先得弄懂内疚式教育的本质是什么。它的本质不是教育，不是爱和给予，而是情绪敲诈和勒索。并不是说父母给孩子提供了丰富的物质和优良的环境就叫爱，有些父母为孩子提供一切时都在强调其付出需要孩子的某种回报。这就像是父母强行塞给孩子一份合同，孩子既不能拒绝，也不能以其他方式"偿还"，只能以父母期望的方式"偿还"。最要命的是，父母还拥有"最终解释权"。孩子也不知道父母什么时候会提出什么样的要求。这算不算是地地道道的"霸王合同"？在这样的"合同"下，孩子会有什么样的心理状态?

所以，专业的心理分析人士认为：父母长期采用内疚式教育，不仅会让孩子变得自卑、焦虑、内向、叛逆，还会导致孩子严重缺乏安全感。此外，孩子会觉得，父母所给予的一切他都没有资格拥有，他所有的努力并不是为了让自己变得更好，而只是为了等价回报父母的付出。

但是，我们必须相信，让孩子产生以上想法绝对不是父母的初衷。虽然客观来看，这些父母的做法毫无疑问是在对孩子进行"情绪勒索"，但是他们也是为了孩子将来能够拥有更好的生活。遗憾的是，采用内疚式教育的父母只看到了这种教育方式在表面上得到的结果，却看不到孩子内心发生的变化。正是这些父母对孩子的内心活动缺乏洞察能力，才导致不好的结果出现。

现在，事情就变得清晰明了了。既然内疚式教育的本质是情感勒索，那我们改变内疚式教育的关键就在于把激励从威胁和情感勒索中剥离开。而把激励从威胁和情感勒索中剥离开的关键就在于爱的表达。父母依然可以尽力给孩子提供好的条件和环境，但是请把行为背后潜藏的威胁和要挟换成鼓励和展望。把孩子努力的目的从"满足我的条件"变成"为了你成为更好的自己，拥有更好的人生"，让孩子成为自己人生的第一责任人和努力的第一责任人。我们要让孩子明白，父母给予孩子的爱没有任何附加条件，孩子只需要对自己负责就好了。

此外，如果父母做到以下这几点，便可以最大限度地降低内疚式教育对孩子造成的负面影响。

1.别再把牺牲当成伟大

父母总提到自己为孩子所做的牺牲，这种言论就是对孩子进行控制和道德绑架。但是，有些父母谈论自己的牺牲只是下意识的，他们在对孩子说自己的付出以及对孩子的要求时，心里未必有明确的情绪胁迫意识。很多时候，这些父母只不过是想做合格的父母而已。很多父母在谈到自己为孩子所做出的牺牲时，其神情和言语没有一丁点儿痛苦和委屈的感觉，反而有一种浓浓的自豪感。比如，某个妈妈说出"我为孩子而活"这句话时，她自己能从这种想法和"人设"中获取强烈的愉悦感。这些就是我们作为父母需要改变的认知。我们可以对孩子表达无条件的爱，也可以为孩子付出很多，但是我们需要重新审视自己这种以牺牲为荣的认知。

2.父母要有自己的生活，才能为孩子的情绪"解绑"

我们即便身为孩子的父母，也应该有自己的生活，甚至可以说我们自己活得快乐，孩子才能感受到真正的快乐。就像曾奇峰老师说的那样："父母是什么样的人，比父母做什么更重要。"作为父母，我们如果活得苦大仇深的，又怎能对孩子说出"你将来要开心、快乐，要拥有美好生活"这样的话？

3.解除亲子共生关系

自己和孩子亲密无间，这是很多父母想要拥有的亲子关系，但是抱着这种想法的人到最后多半会事与愿违。要想减轻孩子的惭愧感，要想让我们的激励从负向激励变成正向激励，就要放弃这种幻想，解除父母与孩子之间的共生关系。

所谓共生关系，就是父母为孩子而活，孩子为父母而活。我们要记住一个规律：共生是相互的。一旦父母为孩子而活，就注定了将来孩子要为父母而活。在共生关系下长大的孩子，会对父母过度依赖，缺乏独立自主的精神。所以，从现在开始，让我们记住哲学家安·兰德（Ayn Rand）的那句话："我以我的生命和对生命的爱发誓，我绝不为他人而活，也绝不要求他人为我而活。"

羞耻感：
保护孩子的自尊心就是在保护他的潜力

妈妈拿我的糗事开玩笑，好羞耻呀

周末，几个年轻妈妈在一起聊天，孩子们在旁边玩。

"明明妈妈，你家明明可真懂事，知道照顾人。别看他年龄小，照顾弟弟却很周到，他帮弟弟系鞋带，还帮弟弟拿水壶，真是个好哥哥。"

"哎哟，别提了，他让我操心的时候也不少呢。就说今天，你猜为啥我出来得这么晚？"

明明妈妈的声音比较大，旁边的小伙伴都转过脑袋，也想听明明妈妈说话。刚才听到邻居夸奖自己时特意挺直了身体的明明好像知道妈妈要说什么，马上把头低了下去。

"早晨他起床后，我看他表情不对，叠被子时才发现他竟然尿床了！"

小伙伴们又转头盯着明明。明明当时巴不得有个地缝能钻进去。昨晚的菜有点儿咸，明明睡觉前水喝多了。他半夜做梦梦到自己上厕所，早晨醒来发现床单湿了。妈妈一早晨都在说他，他心里也很懊恼。

明明的脸涨得通红。小伙伴们起哄："明明是个尿床精！明明是个尿床精！"

明明再也绷不住了，低头呜呜地哭了起来，无论邻居阿姨怎么劝，他都止不住眼泪。而明明妈妈还在继续说：

"说你怎么啦？又没有冤枉你。谁家孩子小学二年级了还在尿床?！"

本来热闹、和谐的场面一下子变得尴尬起来。

妈妈总是让我丢面子，我再也不想出现在公共场合了

小孩子到底要不要面子？如果让父母来回答，恐怕很多父母都会说："小孩子要什么面子，哪儿有那么多事呢？"但是，专业人士会给出不同的答案。精神病医学家、新精神分析派的代表人物埃里克·埃里克松认为，孩子在3~4岁时就已经会因为他人的评价而产生羞耻

感，5~6岁就可以依据自我标准而产生羞耻感。也就是说，孩子的羞耻感从3岁开始就已经明确形成了。孩子有了羞耻感，就不可避免地会产生面子问题。所以，上面的故事中所呈现的问题的正确答案应该是：小孩子也是要面子的。这可能和大多数父母想象的有些不同。

如果父母忽视了孩子的面子问题会怎么样？也就是说，如果父母没能科学地对待孩子的羞耻感，会对孩子造成什么样的影响？研究认为，羞耻感的产生是由儿童的心理发展过程所决定的，羞耻感本身是对孩子身心发展有利的。脑神经生物学的研究结果表明，羞耻感可以刺激右脑的发育，加速孩子脑部的活动，并在其中产生许多联结，这样一来，孩子的整个脑部系统都会得到更好的锻炼，使孩子的创新能力和情绪感受能力得到增强。但是，以上说的是适度的羞耻感，是以父母能够科学地对待孩子的羞耻感为前提的。如果父母总是有意无意地使孩子处于羞愧的处境，或者孩子没有办法让自己从短暂的羞耻感中逃离出来，孩子就可能变得越来越自闭、易怒，严重的还会出现暴力倾向。

为了保护孩子的潜能，妈妈需要把面子还给孩子

既然确定小孩子也是好面子的，而且小孩子好面子也是孩子自身发展的需要，并不是一些父母所认为的矫情，那么我们就得来讨论一下该如何呵护孩子的羞耻感，把面子还给孩子。父母究竟应该怎么做呢？

1.主动呵护，帮孩子正确归因

一些年龄较小的孩子受能力和认知的局限，常常会因为很多事情做不好或做不到而产生羞耻感。这是一种非常正常的现象，并不是孩子的错误造成的。孩子之所以会产生羞耻感，主要是因为自我意识的产生和错误的归因。有时，孩子因为不能正确对待自己出现的某种情况或做不好某事而感觉羞耻。而父母通常是有正确归因的能力的，所以，父母应该帮孩子找出他产生羞耻感的真正的原因，避免孩子因为自己出现某种情况、做不好某些事情而产生过度的羞耻感，这样才能进一步增强孩子的信心。

2.和孩子一起保守秘密

孩子产生羞耻感的原因，除了孩子对事情本身的认知之外，与父母对孩子的评价也有很大关系。相信某些父母在把孩子的某些糗事抖搂出去时，心里并没有恶意，因为成人有正确归因的能力，父母其实知道这并不是孩子的错，所以才会在一种宠溺心态下，不经

意间把孩子的糗事当作玩笑来说。但是，这些父母并没有意识到这样做会对孩子造成不好的影响。

那么，就让我们从现在开始，和孩子一起保守孩子的秘密吧。当孩子因为能力欠缺而做不好某些事情时，我们既不要嘲笑、挖苦，也不要在事后进行取笑。这样，我们才能更好地化解孩子的羞耻感，维护孩子的面子。

3.遵守正确批评的七大原则

孩子还有一种羞耻感是源于父母的责备和批评。因为责备和批评而生出的羞耻感往往并不在于责备和批评本身，多半是因为责备和批评的方式不对。在这里，向大家分享传统教育文化中的"七不责"以供参考。

（1）对众不责。我们批评孩子时，尽量在一对一的情况下，或者尽可能减少在场者。切忌在大庭广众之下教训孩子。

（2）愧悔不责。对于那些内心已经产生深深的羞愧感，或已经很后悔、已经知道错了的孩子，父母就不要再喋喋不休地数落了，以免因过度责备而让孩子长时间被困于羞耻感之中。

（3）暮夜不责。最好不要在孩子睡觉前批评孩子，以免孩子在深深的羞愧情绪中入睡，或者因为羞耻感而影响睡眠。

（4）正饮食不责。很多父母因为忙于工作，与孩子相处的时间较少，所以经常趁着吃饭的时间在饭桌上对孩子进行批评教育，这也是非常不妥的：一来会导致孩子心情不好，影响孩子吃饭；二来也会因此而让孩子在饭桌与负面情绪间建立某种联系。

（5）正欢庆不责。批评孩子，最好给孩子留一段情绪的适应期和缓冲期，让孩子提前有心理准备，切忌在孩子正处于兴头儿上时给孩子当头一棒。太大的情绪落差会让孩子在心理上出现反抗，不利于问题的解决。

（6）正悲忧不责。最好不要在孩子情绪状态糟糕、情绪低落时批评孩子，这样会使得原本就处于情绪低谷的孩子的情绪变得更加低落，而且短时间内难以走出来。

（7）疾病不责。这一点很多父母是能够做到的，有不少孩子在犯了错误之后会选择装病，就是因为孩子知道父母不会在自己生病时批评自己。不过，既然孩子知道装病，肯定也意识到自己的错误了。这时，父母如果批评孩子也要注意一下分寸。

Part 10

焦虑感：
看到孩子的焦虑，并告诉孩子
"妈妈一直都在"

马上开学了，突然很焦虑

"妈妈，开学时谁去送我上学呀？"

还有两天就要开学了，而且这学期菲菲转学了，这次去的是新学校。菲菲一边收拾着自己的东西，一边问妈妈问题。

"到时候爸爸和妈妈一起送你。你快收拾吧。"妈妈一边回答，一边宠溺地捏了捏菲菲的小鼻子。

"爸爸工作那么忙，会有时间陪我去吗？"看来菲菲对爸爸送自己上学这件事并不太确定。

"我跟爸爸说好了，单位的事情爸爸也都提前安排好了，放心吧。"妈妈摸一摸菲菲的小脑袋，以示安慰。

"可是，保证不会有什么突发的事情吗？爸爸以前经常被突然打来的电话叫走。在那之前，他也都说提前安排好了。"虽然得到了妈妈的保证，但是菲菲还是再次说出了自己的担心。

"哎呀，我都说了让你放心。就算是爸爸临时有事，妈妈一个人送你也没问题。"妈妈觉得菲菲今天的担心比平时多很多。

"可是，那天会不会下雨呢？下雨的话还是爸爸开车比较好。你还是给爸爸打个电话确认一下吧，让他保证开学那天他不会被电话叫走。"

"好，你先把东西都收拾好。中午吃饭时，咱们给爸爸打个电话。"这次妈妈没有回头，一边回答一边忙着手里的工作。

"妈妈，新学校的老师会和原来学校的老师一样好吗？新同学会不会不喜欢我？如果他们……"

菲菲还想再说下去，但抬头看见妈妈定定地看着自己，后面的话就没说出来。

"明天的事明天再说，好吗？我们现在要做的是把东西收拾好，可以吗？"

菲菲不再说话了，满心的不安表现在脸上。而妈妈终于得到她想要的安静的时间，忙着处理手头的工作。

找出孩子焦虑的原因，需要一场不谈对错的免责谈话

因为还没有到来的明天而忍不住胡思乱想、喋喋不休——菲菲明显比较焦虑。但是妈妈好像并没有意识到这一点，只是觉得女儿今天话有点儿多，收拾东西磨磨蹭蹭的。为了让孩子尽快把东西收拾好，也为了自己能赶紧忙完手头的工作，妈妈就只好先让菲菲闭嘴安静一会儿。

其实焦虑是一种常见的情绪，就像著名心理学家罗洛·梅（Rollo May）说的那样："焦虑是人类的基本处境，冷漠与缺乏感觉，同时也是防卫焦虑的一种工具。"

菲菲只是今天担心的事情有点儿多，只是有一些焦虑的情绪而已。如果孩子经常这样，而父母总是放任不管，时间久了，孩子的性格就可能变得冷漠，对周围的人和事缺乏必要的反应和热情。焦虑作为一种常见的情绪，从幼儿时期就开始出现，可能会伴随我们的一生。但是，只要不是长期的、严重的焦虑，就可以通过自我调节来解决。帮助年龄很小的孩子化解焦虑情绪是父母

责任的一部分。

父母要想帮助孩子化解焦虑情绪，就要学会辨别孩子处于焦虑状态时的表现。美国加州大学洛杉矶分校的儿童焦虑恢复中心和支持中心的专家通过长期的研究和实践，对低龄儿童的焦虑表现做出过如下总结。

（1）焦虑的身体表现：没有原因的头疼或胃疼，在学校不肯吃东西，拒绝在家以外的任何地方上厕所，焦躁、躁动、注意力难以集中，非运动状态下身体发抖或出汗，身体长时间处于紧绷状态，入睡难、睡眠时间短。

（2）焦虑的情绪表现：超级敏感，没来由地情绪低落，害怕犯错，担心很久之后才可能发生的事，害怕与人接触，总是梦到失去重要的人。

（3）焦虑的行为表现：经常以"如果"来做假设性提问，回避各种集体活动，在与人交往时显得沉默、消极，喜欢一个人发呆，习惯性地说"我做不到"，没来由地崩溃和发脾气，不断寻求亲近之人的认可和帮助。

青少年的焦虑表现和低龄儿童的焦虑表现大多相同，但青少年有一些特有的焦虑表现，比如严重的考试焦虑。但是，随着学前教育和低龄儿童教育的普及，青少年的焦虑表现和低龄儿童的焦虑表现正趋于一致。

父母要想帮孩子化解焦虑情绪，除了要识别焦虑情绪之外，还要知道焦虑情绪是怎么产生的。人会出现焦虑情绪，根本原因就在于不确定性和失控感：

某件事情发生之后，爸爸妈妈还会喜欢我吗？

未来会不会有不好的事情发生？

某件事情我能不能做好？

这些充满了不确定性、不太好掌控的事情，常常使孩子变得焦虑。孩子比大人更容易焦虑，原因就在于对于很多情况，他们能确定的太少，能掌控的也太少，所以就会表现得更加担心。除此之外，更为旺盛的荷尔蒙分泌也是孩子情绪大起大落的原因之一。还有一个原因就是，父母的焦虑情绪影响并传染给孩子。

告诉孩子，妈妈一直都在

接下来就到了"怎么办"这个环节了。父母怎样做才能帮助孩子化解焦虑情绪呢？其实很简单，无非就是理解、支持，进行一场免责谈话以及通过爱的表达帮助孩子找到对策。具体应该怎么做？下面几条建议可供参考。

（1）给孩子一个爱的抱抱。上面故事中的菲菲的那么多问题都指向一个共同的点，那就是：她将要去的那个新学校对她来说充满不确定性。她不确定那里的老师会不会像原来的老师一样喜欢她，不确定新的同学是不是欢迎她……这些都不是她能掌控的。她一遍遍地问妈妈：爸爸会不会送她去学校，爸爸会不会被临时叫走……其实是在向最亲近的人寻求帮助，因为她也不太确定他们到底能给她提供什么样的帮助。她真正想要确定的并不是爸爸能不能去送她，而是会有谁和她一起面对新环境，面对新环境中的各种不确定因素。如果妈妈能听懂，可以先什么都不说。只是走过去，坐在菲菲身边，给菲菲一个"爱的抱抱"，通过爱的表达让菲菲的焦虑情绪舒缓一下，然后再告诉菲菲：妈妈理解她现在的不安和焦虑，大人在面对新的问题和环境时也会如此，但是，爸爸妈妈会和她一起面对。

（2）来一场免责谈话。与菲菲的焦虑情绪不同，有些孩子产生焦虑情绪是因为事情没办好，或者是担心办不好。比如考试没考好，或者担心万一考不好，老师、爸爸妈妈会不会嫌弃自己，自己会不会受到惩罚，等等。如果孩子是因此而产生焦虑情绪，父母仅仅付出爱和陪伴就不太够了，还需要一场免责谈话。所谓免责谈话，并不是对错误不管、不问、不处罚，而是和孩子一起用"人、事分离"的思维对事件进行归因。能力的归能力，方法的归方法，思维的归思维，资源的归资源，客观的归客观，把问题细化。免责谈话最大的好处在于只讨论具体的问题，而不对孩子进行整体性的人格式的评判。这样，孩子的情绪反应就会小很多，担心和焦虑自然也就不那么明显，甚至能化解。

（3）在不确定中寻找确定。既然不确定是焦虑情绪产生的重要原因，那么在不确定中寻找确定就成了化解孩子焦虑情绪的另一个重要方法。这需要父母保持耐心，向孩子表达自己对他的爱，稳定孩子的心态，随后，再进行一场问答游戏。在问与答的过程中引导孩子从不确定里找到确定。比如，菲菲不太确定新同学会怎么看待自己，那么关于这方面的问答就可以围绕新同学可能会喜欢什么样的同学展开，就不难找出受欢迎的同学的一些共性，这就是在不确定当中找到确定。了解了那些受欢迎的孩子的特征，也就掌握了这种确定性，于是，心中有了对策，焦虑感自然就得以化解。

孤独感：
父母要成为孩子的玩伴，
必要时可以是孩子的大玩具

我的妈妈是一只玩具熊

因为房间漏水，楼上的浩浩妈带浩浩来我家借住。我们不仅仅是邻居，更是非常好的朋友。

浩浩很有礼貌，却没有什么朋友，唯独跟我很亲近。要睡觉了，浩浩对着他妈妈喊："妈妈，妈妈，我的小熊妈妈呢？"

听浩浩这么说，我忍不住看了他两眼，想要确认他是不是口误。浩浩却靠近我，神秘地对我说："阿姨，和你说一个秘密——其实我有两个妈妈，一个是我的亲妈妈，还有一个是小熊妈妈。我要小熊妈妈陪着我睡。"

为了不让他妈妈再跑一趟，我连忙拿出家里的毛绒玩具，对他说："让大白兔陪你睡觉，好不好？"

浩浩摇摇头，表示不愿意。

我只好又劝他："那等妈妈洗完澡，让妈妈哄你睡，好吗？"浩浩还是不同意。

最后到底是妈妈又跑回家一趟。

在妈妈返回去"请"小熊妈妈时，浩浩又对我说："阿姨，我每天都会和小熊妈妈说话。爸爸妈妈很忙，都没时间听我说话。只有'她'陪着我，我把心里话都说给'她'听。"

浩浩在小熊妈妈的陪伴下沉沉睡去后，浩浩妈妈有些不好意思地说："我和他爸爸都上班，他上幼儿园之前都是奶奶帮忙带。小时候他一哭，奶奶就拿这个小熊哄他。后来，只要手里抱着小熊，他就变得很安静。孩子说那是他的小熊妈妈。"

看着睡得香甜的浩浩，我陷入了沉思。

怪我吗？还不是因为总被隔离在生活之外

让我们想象一下这样的场景：一个小孩子，母亲陪在身边却不肯睡，偏偏抱着一个玩具熊就睡得很香甜。站在大人的立场来看，会感觉孩子有点儿"独"，跟谁都不亲，有种疏离感；但如果站在孩子的立场来看，这种"独"源于孩子内心的孤独感。

孩子的孤独感是怎么产生的呢？基本上都是父母造成的。上述例子中的浩浩的情况就非常具有代表性。他的孤独感源于父母疏于陪伴——爸爸妈妈没时间陪伴，奶奶不懂得陪伴。尤其是在浩浩最需要陪伴和安全感的幼年时期，父母陪伴的缺失，让浩浩产生强烈的孤独感。

孩子对于情感的陪伴和安全感的需求是与生俱来的，当孤独感变得越来越强烈时，孩子就会从身边他能够经常接触到的事物中寻找陪伴的替代品。浩浩深深依赖的小熊妈妈，就是他寻求陪伴的替代品的结果。每当他哭闹、孤独、需要陪伴时，能够陪伴他的只有那个小熊。然后，小熊和陪伴就建立起了某种联系，久而久之，小熊妈妈反而成了无可替代的。

除了浩浩这种典型情况之外，还有一种情况就是假陪伴。所谓假陪伴，就是孩子身边明明有很多人，却没人懂得怎么去陪伴孩子，他们的注意力只是集中在孩子的吃喝拉撒上，很少注意孩子的情感需求，并会用自己的方式，以爱之名把孩子和这个世界分隔开。他们给孩子划定的安全区域就是自己目光所及的地方，担心在自己看不见的地方孩子会发生意外，自然也就不会允许孩子与其他人接触，包括其他小朋友，他们给出的理由是小孩子一起玩很容易受伤等。

就像浩浩妈妈感受到的那样，长期被孤独感包围的孩子容易在亲子关系上表现出明显的疏离感，对整个家庭的认同感也会越来越低。再大一些后，在正常的人际交往中也会表现得力不从心，甚至没有了与人交往的热情。另外，现代科学研究结果表明：强烈的孤独感会严重影响人体中的"压力激素"——皮质醇的正常产生水平，会使孩子的免疫力变得越来越弱。

父母要成为孩子的玩伴，或者让孩子成为父母的协作伙伴

怎样才能减轻孩子的孤独感？这是我们探讨孩子的孤独感的意义所在。让孩子的内心不再那么独孤，其实只需父母做到"一进""一退"两个关键动作。只要该进的进，该退的退，相信孩子的情况就会变好很多。如果父母能更早地知道"进""退"，可能孩子就不会受到孤独感的困扰了。

（1）进——走进孩子的内心，这就是上面所说的"一进"。

这件事说起来容易，但是做的时候还有一些细节要注意。特别是那些受到孤独感困扰的孩子，他们的内心呈现的是封闭状态。

父母要怎么"进"？

如果父母直接对孩子说"有什么心里话跟爸爸妈妈说说"，对于这样的言语，孩子不太可能给出正面反馈。不是因为孩子心里没话可说，而是因为他不习惯向父母吐露心思，不知道该怎么对父母说。父母想要以这样的方法直接走进孩子的内心，效果多半不会太好。

不过，父母可以先试着向孩子敞开自己的心扉，和孩子谈谈自己内心的感受。不过，要注意，千万不要弄成"悲情教育"，不要一味地对孩子诉苦。可以多谈一些和孩子有关的感受，尤其要多谈一些和孩子相关的、积极的感受。当然，也可以偶尔谈一下自己小小的不开心，试着激起孩子对自己的关心。孩子一旦有关心大人的迹象，父母就要及时给予感激和鼓励。如果这样做效果依然不是很好的话，就先让孩子参与家庭活动，邀请孩子和自己一起做一些相对简单的事情。或者和孩子一起做一件他感兴趣的事情，比如：陪孩子去游泳，陪孩子一起放风筝，等等。记得在过程中主动分享一下自己的感受，或者向他请教一些细节问题，毕竟这是孩子喜欢的活动，孩子多半也很擅长。

（2）退——退出孩子的生活，就是上面所说的"一退"。不过，这同样需要循序渐进，需要在"一进"的基础上进行。走进孩子的内心后，孩子在一定程度上适应了关系中的互动，并慢慢培养起一定的互动意愿，这时父母就可以尝试退出孩子的生活了。这里所说的"退出"，指的是父母要有意给孩子营造一个交友的环境，并鼓励孩子结交同龄朋友。父母还可以和孩子谈谈他新结交的朋友，当然不是以审查的口吻，必要的时候还要给孩子提供支持和指导。

Part 12

嫉妒感：
被爱包围的孩子更懂得为别人鼓掌

妈妈嘴里那些"别人家的孩子"，让我嫉妒

今天小姨带着表妹小爱来家里做客，惹得甜甜很不开心。

两家平时离得远，只有节假日才会团聚。时间一晃，两个小姐妹半年没见面了。

小姨带来好多好吃的，还给甜甜买了漂亮的裙子。穿上新裙子后，甜甜拿出新买的书和妹妹小爱一起看。

小姨看着满满一书架的书，说："甜甜的书真多，成绩一定不错。"

妈妈一脸嫌弃地说："书倒是买了不少，成绩却不见好。跟小爱比可差远了。"

听到"成绩"二字，小爱赶紧过来说："我最近考了好几次一百分!"

甜甜看着书，装作没听见，却听见妈妈对小爱说："我们小爱最棒了，学习那么用功！不像你甜甜姐姐，写个作业都得我看着。"

　　听姨妈这么夸自己，小爱更加得意地说："姨妈，我还会唱英文歌。"然后就开始边跳边唱。甜甜不知道什么时候已经悄悄回到了自己的房间，并关上了房门。

　　晚饭后，小姨和小爱回家了。妈妈对甜甜说："你是姐姐，还是主人，怎么和妹妹玩着玩着就自己回房间了？你就不能向表妹学学吗？"

　　"学也学不好！我哪儿能跟她比？你喜欢她，就让她当你女儿好了！反正你总是对我不满意。"

　　"你怎么这么说话?!"

　　"她刚上小学，考一百分很容易。她有啥好显摆的！她吃东西时，一点儿都不客气。她那么胖，还吃……"

　　"不许你这么说妹妹。"

　　…………

嫉妒是因为不确定妈妈爱谁多一些

　　甜甜是怎么了？一开始，她开开心心地拉着表妹一起看书；后来，她把表妹和小姨留在客厅，自己回了房间；最后，她甚至说起表妹的坏话。这到底是怎么回事？

答案就是：甜甜嫉妒了，她被嫉妒感"劫持"了。

许多孩子都需要面对一个强大到几乎不可战胜的对手，那就是父母嘴里的"别人家的孩子"。"别人家的孩子"不一定特指哪一家的孩子，反正就是比自己优秀的孩子。而且，今天可以是这家的孩子，明天可以是那家的孩子。即便自己已经很优秀了，却始终有一个比自己更优秀的"别人家的孩子"，而且，这个"别人家的孩子"时时刻刻在跟自己较劲，生活中哪里都有他的影子，怎能不让人心生嫉妒？

除了这种处处被父母用"别人家的孩子"进行对比、打压的孩子以外，还有两类孩子也比较容易产生嫉妒感。

一种是被掌声和夸奖包围的孩子。这样的孩子通常很优秀，什么事情都比别的孩子做得好一些，时间久了，就会觉得自己应该永远是最好的那个。一旦遇到一个比自己优秀的孩子，自己又没能得到父母的正确引导，嫉妒的情绪就会油然而生。

另一种就是被过分宠溺的孩子。这类孩子可能自己并没有多优秀，但是几乎所有的要求都能及时被满足，而且总能得到最好的。这样的孩子，如果遇到其他孩子也拥有自己所拥有的，或者是其他孩子所拥有的比自己拥有的更好，就会产生强烈的嫉妒感，就有可能像故事中的甜甜一样，因为嫉妒而生气或不满。

过于生气或不满对身体和心理都会造成不好的影响。而强烈的嫉妒感会使人表现出一定程度的攻击性，比如甜甜对表妹的言语攻击。还有些孩子会因为嫉妒而故意毁坏别的孩子的玩具，父母应及时帮孩子疏导嫉妒心理。

只有被爱包围的孩子才更懂得为别人鼓掌

虽然在嫉妒感的驱使下，孩子有可能做出让父母感到惊讶的举动，但是做父母的不能因此就把"嫉妒心强"和孩子之间画上等号。要知道，孩子呈现出的所有问题，从根本上来讲都是父母的问题。同样，要想把孩子从嫉妒感中拯救出来，需要做出改变的首先应该是父母。如何改变呢？

（1）把"别人家的孩子"请下神坛。为什么父母嘴里的那些"别人家的孩子"那么容易激起自家孩子的嫉妒感？因为对孩子来讲，父母说"别人家的孩子"往往意味着来自父母的比较、贬低和打压。现实中，比自家孩子优秀的同龄人可能有很多，但是只有那些在父母教育孩子时经常被提起的"别人家的孩子"才会引起自家孩子的嫉妒，因为父母经常拿他们和自家孩子进行对比，而且，往往是拿别人家孩子的优点与自家孩子的缺点进行对比，并在此基础上对孩子进行或多或少的贬低和打压。可能这并不是父母的本意，父母只是想借此激励一下孩子。但是，无论如何，都要把"别人家的孩子"请下神坛，这是父母必须做的事情。至于激励孩子，我们完全可以换一种方式。

（2）去人格化，把人变成目标。父母应该警醒：当我们搬出"别人家的孩子"时，就意味着对自家孩子不公平。用别人的优点与自家孩子的缺点进行比较，随时换一个更优秀的孩子与自家孩子进行比较，让自家孩子永远处于下风而看不到他的进步。总是对"别人家的孩子"表现出赞许，对自家孩子进行批评，父母态度的鲜明对比也是让孩子产生嫉妒感的主要原因。

父母的这种对比的做法，在自己看来是为了激励孩子，在孩子看来是"父母的爱在消失"——那个"别人家的孩子"夺走了爸爸妈妈对自己的爱。如果父母真的需要对比的话，那就请父母把"别人家的孩子"去人格化，也就是从人格化变为数据化，把那个夺走了自己的爱的"别人家的孩子"的种种优点变成一个个可以被量化的目标。这样一来，自家孩子不会觉得受到威胁，嫉妒感自然也就消失了。

（3）别再把鼓励和吹捧混为一谈。有些优秀的孩子遇到比自己更优秀的孩子时，有时也会产生嫉妒的情绪，这在很大程度上也和父母平时的鼓励方式有关。对于自家孩子的优秀表现，很多父母会下意识地对孩子说："你是最好的！""你是最棒的！""你是最优秀的！""你是最聪明的孩子！"也许是发自内心地感到骄傲，我们总喜欢用一些夸张的形容词来表扬孩子，并习惯性地在前面再加个"最"字，好像不这样说不足以表达自己的骄傲和宠溺之情。殊不知，我们习以为常的情感表达，却是对孩子的捧杀，会让孩子越来越自我，真的觉得只有自己才是最好的，只有自己才能配得上这样的夸奖。

那么，夸孩子该怎么夸呢？

要具体、客观，留有空间。

比如，父母可以这样说："这次数学考试你考得不错，很多难题都没有丢分，这值得表扬。要是你的计算再认真一点儿，最后的题就不会出错了。不过，已经不错了，我们可以一起庆祝一下！"

毕竟孩子并没有优秀到找不到对手，就算是找不到对手，事情也不太可能做到完美的程度。所以，这种落到实处，既有客观分析，又能说明进步空间的表扬方式才是最合用的。

（4）给嫉妒留一点儿生存空间。虽然嫉妒情绪对孩子有许多不好的影响，但是它也有有利的一面——适度的比较有利于增强孩子的竞争意识和竞争力。很多时候，嫉妒和好强、好胜之间只是一念之差，我们可以这么理解：好强和好胜是正确的嫉妒方式；而没有底线的好强和好胜，就会变成面目可憎的嫉妒。了解到这些之后，我们就不用再谈嫉妒而色变，只需为嫉妒找一个正确的输出方式。父母如果发现孩子有些嫉妒他身边优秀的同学或朋友，不妨让孩子坦然接受这种感觉，并和孩子一起找出对方的优点，然后找到正确的超越路径。这样一来，把嫉妒变成竞争力也不是特别难的事情。

Part 13

沮丧感：
让孩子从帮别人做一件事开始重拾信心

好气哦，总是受到妈妈的打击

"昨天，我给沐沐买了一幅拼图。我觉得怎么也够她摆弄几天了。"

沐沐妈妈说起这事，眼睛里放着光。我猜这事肯定还有转折。果不其然，她马上接着说："真没想到，她只用了一个下午就拼完了！"

"她是不是很开心呀？"我认为这时候孩子都会挺得意的。

"可不是嘛，她美滋滋地跑到我跟前，眼巴巴地等着我夸她。"

"这时候是应该夸一夸。"适当的夸奖会让孩子做事越来越积极，我真心觉得这是鼓励孩子的好时机。但是沐沐妈妈接下来的做法完全超出了我的想象。

沐沐妈妈有些得意地说："才不会呢，我直接对她说：'拼完拼图有什么值得大惊小怪的，光拼得快有什么用？你看看，有好几个地方你都拼错了。你拼成这样，居然还想让我夸你呀？'"

"你真的是对孩子这么说的吗？为什么要这么说呢？"我有点儿想不明白沐沐妈妈这种行为背后的逻辑。

沐沐妈妈显得有些得意，说："我就是要从小对她进行挫折教育，免得她以后'玻璃心'。"

听闻这番话，我一时哑然。片刻之后，我忍不住问了一句："沐沐表示过不满吗？"

"那当然有。她说我有个最大的毛病，就是从来不会让她高兴，说我如果改了这个毛病，就是最好的妈妈。我才不要做那样的妈妈，我要对她的未来负责。"

"那她被你说了之后，用了多长时间把拼图重新拼好的？"

我想知道在沐沐妈妈这样的"挫折教育"下，沐沐会有什么样的反应。其实我心中已经有了答案。

"她垂头丧气地走了，自己坐在那儿生闷气，拼图拆散了一地就没再拼了，我也没去管她。她习惯就好了。"

习惯就好了……就怕习惯了之后的情况并不像沐沐妈妈想的那么好。

我做不到，再也不要尝试了

沐沐妈妈所说的"挫折教育"，是很多父母自以为的挫折教育，实际上是一种会起到反作用的伪挫折教育。这种伪挫折教育本质上是对孩子的否定和打压，不仅起不到挫折教育该有的效果，还会使孩子产生强烈的沮丧感。沮丧感会动摇孩子的信念，让孩子对自己的能力和所做的事情的意义产生怀疑，从而让孩子处于一种自我否定的消极状态中。

故事里的沐沐明明感觉自己做了一件让自己很骄傲的事情，但是她不仅没有得到想象中的表扬，而且之前所有的努力都被妈妈否定了，引以为傲的成果也被妈妈说得一无是处。自己能把拼图拼得又快又好的自信心和成就感，在一瞬间被妈妈的话语瓦解了。既然之前付出了那么多努力都没有得到认可，做到了这种程度还是会被嫌弃，沐沐自然就失去了再次尝试的动力和信心。

于是，就像沐沐妈妈看到的那样，沐沐垂头丧气地坐在那里生闷气，再也不想拼图了。其实，沐沐妈妈是知道沐沐完全有能力把拼图拼得又快又好的。但沐沐妈妈不知道的是，一旦沐沐被沮丧的情绪裹挟，她的这种能力就会消失不见。妈妈说等沐沐习惯就好了，而这种从表面上看起来的"习惯"，其实是对沮丧感的无感和麻木。一旦到了麻木的程度，做事的动力和能力就都消失了。

孩子被沮丧感支配，后果很严重。但是沮丧感的来源却不仅仅是这种常见的伪挫折教育。那些没能被正确对待的挫折和失败也会滋生强烈的沮丧感，尤其是那些反复经历的挫折和失败。而如何帮助孩子正确对待错误和失败，正是真正的挫折教育所要解决的问题。

让孩子从帮别人做一件事开始，重拾信心

现在，来了解什么是真正的挫折教育吧。父母了解并践行真正的挫折教育不仅不会让孩子陷入无尽的沮丧情绪中，还能在孩子经历了一系列挫折和失败后把孩子从沮丧感中拉出来。

什么是真正的挫折教育？《教育选择：家庭的权利与责任》一书中曾做过这样的总结：

"真正的挫折教育，不是让孩子对挫折麻木，而是让孩子不惧

怕挫折；真正的挫折教育，不是要父母制造挫折，而是能够和孩子一同面对挫折。"

这么一看，我们就明白为什么说沐沐所经历的挫折教育其实是伪挫折教育了吧？就是因为沐沐妈妈在无中生有地为孩子制造挫折，还要让孩子习惯，进而使孩子麻木。但是，除了了解真正的挫折教育是什么之外，我们还应该知道真正的挫折教育应该怎样落地。

（1）接受沮丧。父母对孩子进行挫折教育的重要目的就是让孩子摆脱沮丧感对内心的侵蚀。我们要做的第一件事就是让孩子接受沮丧的情绪，毕竟挫折和失败并不是什么好事。尤其是当孩子重复经历挫折和失败时，我们没必要要求孩子回避沮丧、低落的情绪，实际上也没办法回避。父母要如实对孩子说："不管是谁经历这些，心情都不会好，爸爸妈妈经历时也会心情低落，没必要因为沮丧感出现而惶恐不安。"孩子感觉沮丧和情绪低落，也有利于孩子更好地审视之前的行动和决策，更容易发现不足之处，找到可改进之处。

（2）快速逃离。难过、沮丧和情绪低落都不可怕，可怕的是和这些负面情绪纠缠得太久。挫折教育要想落地，要做的第二件事就是从上述情绪中快速逃离。具体的方法在前面提到过，就是正确归因。和孩子一起对事情进行复盘，并在复盘的过程中找到出现问题的真正原因，同时也找出做得好的、值得表扬的地方。准确表扬孩子的同时，确定改进的方案。有了改进方案，孩子低落的情绪就会转变，信心就会重新回来。

（3）关爱和陪伴。当孩子陷入沮丧感中时，父母一定不要让孩子独自承受。父母或是给孩子一个温暖的拥抱，或是坐在孩子身边，告诉他："不管发生什么，我们都可以一起面对。"

Part 14

纠结感：
和孩子一起，用机会成本对抗羞怯疑虑

妈妈，我也不确定想要什么，我既想要这个，又想要那个

面对眼泪汪汪的朵朵，妈妈一副无可奈何的样子。

一大早，母女之间就进行了一番极限拉扯，只是因为朵朵一直不确定到底要穿哪条裙子去幼儿园。朵朵喜欢穿裙子，有好几条不同颜色、不同款式的裙子，但这却成了母女间不愉快的根源——因为不确定穿哪条裙子去幼儿园，朵朵每天早上都要经历一番抉择。

"朵朵乖，赶紧穿上裙子，咱们快迟到了。"妈妈尽量温柔地说话，好让朵朵快点儿穿好衣服，出门去幼儿园。

"我不喜欢这条裙子。"

"这条粉色裙子当时是你自己选的呀！"

"我今天不要穿！"

妈妈抓起粉色小裙子，扔回衣柜，然后取了条绿色的裙子。"穿这条吧，这条也好看！后背还有大蝴蝶结。"

朵朵抬眼看看，不说话。

"每天选衣服真让人着急。"妈妈的耐心快要用尽了，"赶紧穿这个吧，上周表演节目时你穿的就是这条公主裙。"

朵朵把衣服穿到身上，穿好鞋子，跑到穿衣镜前。"妈妈，我不要穿这个去学校。"

"怎么了？朵朵像公主一样，多漂亮！"

"根本就不好看！"

妈妈着急了，抱着朵朵就想打开门。

朵朵又拽又扯，不让妈妈出门。

眼看就要迟到了，妈妈的火气上来了，伸手把朵朵拉到衣柜前。"来来来，你自己想穿哪件自己挑。我不管了！"

朵朵大哭起来。

妈妈坐在床边生气，心想："这孩子到底有什么问题？"

没关系，孩子可能遭遇了羞怯疑虑

如果朵朵只是偶尔出现一次这样的状况，那很有可能是她当天不想去幼儿园，可能是在表达对上幼儿园的不满。但是如果这种情景每天早上都要上演的话，那很有可能朵朵并不是有意为之，而是真的不知道要怎么选，怎么选她都不是很满意，对别人替她做的选择同样也不会满意。这种情况，在儿童认知发展领域中有个专业术语，叫作"选择困难症"。但是，对于上幼儿园的朵朵来说，所谓"选择困难症"这个说法又不太准确。"选择困难症"这个说法用在成年人身上可能更合适一些，如果一个成年人还像朵朵那样在简单的选择面前摇摆不定，那确实不是一种正常的状态，确实需要用"症"这个字来表述。但是这种情况出现在2~4岁的孩子身上，则是孩子心智成长的必经阶段，是再正常不过的了，可能将其称为"选择困难现象"更贴切些。

为什么2~4岁的孩子容易出现这种选择困难的现象？因为这个年龄段的孩子已经有了较为明确的自主意识和选择意识，能够意识到自己有选择的权利，可以通过选择决定自己要不要某样东西或者做不做某件事情。但是，这时候他们的大脑发育情况还不支持他们在几个选项之间权衡利弊，做出最符合自己意愿的选择。简单地说，就是这个年龄段的孩子有了选择的意识，却不具备选择的能力，但是本能又让他们极力捍卫选择的权利。这时，孩子其实是在能力不足的情况下强行进行选择，自然就会出现一会儿要这个，一会儿又要那个的情况，不管父母给哪个，他都不满意。父母如果替他做出选择，他会感觉父母是在剥夺他的选择权，就会表现得更不满意。

很多父母会像朵朵妈妈一样，被孩子这么折腾一番，耐心就消耗得差不多了。最后，要么强行替孩子做出选择，要么索性不管不问，让他继续在不确定中摇摆。这些都不能算是恰当的做法。因为孩子需要在这样的体验中进一步发展自己的自主性，但是这样的体验需要父母参与。孩子需要通过父母对自己不同的选择的反应来确定某种选择是否合适。不管是父母强行替孩子做出选择，还是父母不管不问，让孩子继续摇摆，最后的结果一定是孩子情绪崩溃。这种因为无法做出明确选择而导致的情绪崩溃叫作"羞怯疑虑"，这是孩子向父母发出的求救信号，如果父母不能及时改进自己做法，那么孩子的独立性、自主性将得不到充分发展，等孩子成年后，就真的有可能产生选择困难症。

让我们用机会成本来对抗羞怯疑虑吧

朵朵的问题应该怎么解决？简单来说，就是父母与孩子一起面对选择困难现象，用机会成本对抗孩子的羞怯疑虑。在这个过程中，促进孩子的自我意识和自主性进一步发展和完善，以免现在的选择困难现象日后发展成选择困难症。具体的操作方法就是做好"三个关键"。

（1）第一个关键：看到摇摆背后的情绪。这是父母在面对孩子的选择困难现象时应有的认知，就是父母一定要看懂孩子摇摆不定背后的情绪状态和情绪需求。父母如果只看到孩子在选择困难时的表现，用自己的思维进行解读，就会觉得孩子是磨叽、磨蹭，是故意惹人生气。在这样的认知下，父母的耐心很快就会耗尽，亲子双方的情绪很快就会陷入崩溃状态。父母如果能够看到孩子面对选择时的迷茫和无助，就会和孩子建立情感连接。只有在情感和体验上与孩子同频了，父母才会有足够的耐心和孩子一起去面对问题、解决问题。

（2）第二个关键：把最终选择权留给孩子。为什么在父母情绪爆发前，孩子先情绪崩溃了？这是因为一旦孩子犹犹豫豫，父母就会替孩子做出选择。在父母看来，没必要在上述这种小事情上浪费太多时间。虽然父母在替孩子做选择时也会征求孩子的意见，但是在孩子看来，父母这样做等于剥夺了自己的选择权——这是这个阶段的孩子最在意的。孩子一旦有了这样的感觉，这场关于选择的尝试就无法再进行下去了——孩子会因为选择权被剥夺而拒绝任何结果。

（3）第三个关键：用机会成本预防羞怯疑虑。要想帮助孩子顺利完成选择，父母需要做到两方面的引导。

一方面，要让孩子明白机会成本。在选择开始之前就和孩子约定好一共有几次选择机会——这是在把一场无限的游戏变成有限的游戏。让孩子一开始就明白，必须在规定的次数内完成选择，绝不可以一直犹豫下去。

另一方面，要让孩子明白每个选项意味着什么。对孩子讲明白每个选项将会得到什么，将会失去什么，然后把孩子带入设想的场景中，让孩子明白哪个选项更符合他自己的需求。比如，这条裙子颜色深一些，那条裙子有蕾丝花边，而孩子今天要进行的是户外活动。那就引导孩子进入到这样的场景中：

"你们今天会在户外玩游戏，户外有草坪、有小树、有各种花，当你在花丛中看到一只蝴蝶，想去抓时，你的裙子会不会被枝条挂住？"

通过对上述这类场景的描述，引导孩子自己做出最后的选择。记住，一定是让孩子自己做出最后的选择，而不是父母代替孩子做出选择。所以，关于选择的最后的沟通内容应该是"所以，你应该选择的是？"，而不是"所以，你觉得这个选择怎么样？"。

恐惧感：
恐惧是成长的一部分，妈妈有魔法和护身符

我真的好害怕，虽然我不知道在怕什么

"我们家小晟什么都好，就是胆子太小了。这也怕，那也怕，不知道到底有什么好怕的。一个男孩子，长大了可怎么办？"

谈起小晟的胆小，妈妈表现得忧心忡忡。看得出来，小晟妈妈是一个魄力十足、做事干练的人。她非常担心儿子将来成为她不喜欢的胆小的人。

"到底在怕些什么呢？"我很想知道小晟在哪些方面显得胆小。

"我也不知道他到底怕的是什么。外面刮风了，他说害怕；晚上，衣架的影子落在墙上，他说害怕；楼下有小狗叫两声，他也说害怕……"

可能是小晟的表现让小晟妈妈有不吐不快的感觉，她一下子说了好多，都是些在大人看来一点儿都不可怕的。我猜这就是她不理解小晟到底在怕什么的原因所在吧。

"你是怎么跟小晟说的，当他跟你说他害怕的时候？"

"我能怎么说？我当然是鼓励他了。我跟他说：'不要怕，这些东西有什么好怕的？小男子汉不要动不动就说害怕。'"

"所以，他的情况有改变吗？"

"有，也没有。说有变化，是因为他不再追着我说害怕了。说没有变化，是因为虽然他不说了，但是好像更怕了。最近我正试着跟他分房睡呢，我发现他一到晚上就很少喝水，也不喝汤了，吃得也很少，而他以前是很爱喝汤的。我觉得他是害怕晚上起夜。"

....

恐惧是成长的一部分，千万别说"有什么好怕的"

"妈妈，我害怕。"

相信所有陪孩子长大的妈妈都对这句话非常熟悉。

"别怕，有什么好怕的？"相信这也是一些妈妈听到孩子说害怕时的常见反应。但是这句话中，藏着的是对孩子深深的误解和伤害。

孩子的恐惧和害怕是正常的吗？当然是，害怕是孩子在成长的某个阶段会出现的正常现象，一般会出现在幼儿期。如果孩子的恐惧感得到父母的正确回应，那么渐渐地，恐惧感就会消失；如果孩子的恐惧感没有得到父母的正确回应，那这种莫名的恐惧就会伴随着他。孩子长大以后，恐惧感往往从正常变成不正常，会让人的性格变得敏感、多疑、缺乏安全感，甚至会有些神经质。

为什么幼儿期的孩子有些莫名的恐惧是正常的？因为那个年龄段的孩子的认知能力还不足以对这个世界做出合理的解释。而恐惧就是人们对未知的本能反应。儿童期的孩子想象力非常丰富，一旦感觉恐惧、紧张，就会凭空幻想出很多怪物来吓唬自己。因为孩子的认知能力有限，不能理解的事物有很多，所以在孩子眼里，世界上有很多他们说不清为什么害怕但就是很害怕的东西。他们会经常告诉父母自己的恐惧，但是说不明白自己究竟在怕什么。

"不知道在害怕什么"，这句话在父母和孩子的语境中有着两种截然不同的解释。

在孩子的语境中，"不知道在害怕什么"说的是：

"我说不明白，但是我真的很害怕。"

而在父母的语境中，"不知道在害怕什么"说的是："这有什么好怕的？你害怕这些东西，简直没有任何道理。你不应该害怕。"

孩子在强调自己的情绪状态，父母却在质疑孩子的这种状态的合理性，原因就在于父母没能试着用孩子的眼光看待这个世界。

所以，会出现这样的场景：

孩子说："妈妈，我害怕那个门。"

妈妈说："简直不可理喻。一个门有什么好怕的？"

孩子说："那是个大怪物，挡住我，不让我过去。"

妈妈说："真是无稽之谈！好好的哪儿来的怪物？"

亲子之间沟通的错位以及父母对孩子某些想法产生的偏见就是这么造成的。

看，妈妈有魔法和护身符

那么，父母该怎样正确应对孩子莫名的恐惧呢？答案就是：做一个"懂魔法"的妈妈，然后"用魔法打败魔法"，帮助孩子建立安全感。

（1）用"爱的抱抱"来化解孩子的恐惧感。前文提到几次"爱的抱抱"了。这不是机械地重复，而是"爱的抱抱"确实是安抚孩子情绪的首选方法，好用、高效。

所以，当孩子说害怕时，父母不要急着去做评判者，而要先接受孩子的情绪——这是处理这类问题的首要动作。作为父母，一定要反复提醒自己：当孩子说害怕时，他只是在陈述自己的体验和情绪状态。相较于"该不该"和"对不对"的评判，孩子更需要父母情绪上的回应。孩子向父母倾诉害怕的感觉，父母就应该第一时间从情绪和感受上做出正向回应，给孩子一个"爱的抱抱"，然后告诉他："别怕，爸爸妈妈在。"

（2）让孩子明白"原来如此"。父母接受了孩子的情绪并给出正向的回应，孩子的恐惧感平复后，父母和孩子就可以一起探讨孩子怕什么的问题了。注意：是"怕什么"的问题，而不是"应不应该怕"的问题。"怕什么"的问题其实是"为什么怕"的问题，就像孩子经常说的怕影子、怕打雷、怕很大的风声等，这说明孩子能告诉我们怕的是什么，孩子说不明白的是"为什么怕"的问题。既然孩子不太容易讲明白"为什么怕"，那就告诉孩子：你所害怕的东西实际上到底是怎么回事。比如，影子是怎么"爬"上墙的，为什么空中会有雷电，听起来有点儿吓人的风声是怎么来的……这些一般是父母能够讲明白的。这样的方式，能够把孩子眼里的"未知"变成"已知"，可以消解孩子的很多恐惧。

（3）"用魔法打败魔法"。"魔法"是和孩子丰富的想象和联想能力相关的。当孩子感到害怕时，脑子里就会不自觉地蹦出些张牙舞爪的怪物的形象。这些形象一旦出现，就会在孩子的脑子里扎根，每次恐惧情绪来袭时，都会再次出现、捣乱。或者，孩子在潜意识中将看到的现象与生活中见到的某些事物联系起来，于是生出许多莫名的恐惧。

所以，这些活在魔法世界，也活在孩子头脑中的怪物，自然也要靠魔法来打败。如果孩子能明确说出看到的是个什么样的怪物，可以让他画出来或者帮他画出来，并让他说出这个怪物有什么可怕的地方，然后父母可以从自己的魔法世界中请出魔法师，降伏怪物。和孩子来一场用"魔法打败魔法"的"纸上战争"吧，根据魔法世界的法则，怪物最后注定是要被打败的。

如果孩子并不能把潜意识里的恐惧说明白，可以让孩子在绘本里找到让他感到害怕的怪物，然后，我们再通过一场"纸上战争"来打败怪物。

（3）避免成为孩子恐惧的来源。除了这些因孩子的认知有限而说不清道不明的恐惧之外，还有一种恐惧是大人造成的，多半与父母的教育方式有关。比如，面对调皮的低龄儿童，很多父母会下意识地采取恐吓的方式，会有意无意地搬出现实世界或虚拟世界中的反面角色来"驯服"孩子，吃小孩的狼外婆、长相凶恶的怪叔叔等都会在不经意间成为孩子挥之不去的噩梦。作为父母，除了要帮助孩子消除、化解莫名的恐惧感，更要随时自我提醒，万万不可使自己成为孩子恐惧感的来源。

Part 16

委屈感：
拥抱和倾听，先接纳情绪再解决问题

很多时候我告状，只是想让妈妈知道我的委屈

说起儿子在学校被欺负，小磊妈妈是一肚子苦水。她一直弄不明白：为什么长得高高大大的儿子会成为别人欺负的对象？更气人的是，儿子在学校受了欺负为什么回家也不和爸爸妈妈说？要不是老师联系她，她都不敢相信这件事是真的。

"你为什么任由他们欺负呢？"支开小磊妈妈之后，我想听听小磊自己是怎么说的。

"我不想打架，我只想让他们跟我一起玩。"小磊没抬头，自然也没看着我，声音低低的，好像是对着脚下的地板说话。

"你受了伤，心里觉得难受吗？"

"难受。"

"为什么不和老师或爸爸妈妈说呢？你之前，比如很小的时候，发生类似的事时，你和爸爸妈妈说过吗？"问完前面的问题，我突然意识到了什么，赶紧又补充问了一句。

"很小的时候，我每次在外面受了委屈，都会告诉妈妈，可是妈妈说……"可能是想起妈妈曾经说过的话，小磊刚抬起的头又垂了下去，后面的说话声几乎听不见。

"妈妈曾经说了些什么？"我想，我想要的答案可能就在小磊没说完的话里。

"妈妈说：'怎么又和别人打架了？不是说让你们好好玩吗？'我说是他们欺负我，我又没想和他们打架。妈妈说：'他们为什么不欺负别人就欺负你呢？你想想自己就没什么错吗？'我说我真的没跟他们动手，我又不是打不过他们。妈妈就说：'一个男孩子，动不动就回来向父母告状，你不觉得丢脸吗？'"

也许是这次太难受，也许是这些话在心里憋得太久，小磊终于鼓起勇气，一口气说了很多。我也在小磊的这番话里找到了答案——果然，孩子的问题其实都是父母的问题。

当委屈成为一种人格，孩子就很难开心了

当小磊的妈妈疑惑小磊为什么受了这么大的委屈却不肯对她说的时候，她可能真的忘了以前她对小磊说过的那些话了。小磊的这种状态，有个心理学术语可以形容，即"委屈人格"。而小磊形成委屈人格，和小磊小时候向妈妈"告状"时妈妈曾经对他说过的那些话脱不了干系。

其实，委屈人格不过是讨好型人格的另一种说法，讨好型人格这种说法侧重于表现，而委屈人格这种说法则侧重于形成的原因。下面是委屈人格的具体表现。

（1）总是忍让，不懂得拒绝。面对同学的欺负，小磊从来不会拒绝或反抗，哪怕明知道会受伤。这就是委屈人格的典型特征——不懂得拒绝别人，遇到让自己不开心的人和事，总是会习惯性地选择忍让。

（2）遇到矛盾先道歉。委屈人格的人，不管遇到什么样的矛盾，不管自己是否有错，都会在第一时间主动向对方道歉。他不在乎自己道歉后对方会不会得寸进尺，也不考虑这会给自己带来什么样的负面影响，而是只想着尽快结束冲突，平息矛盾。因为任何形式的对抗

都会让他觉得不安。

（3）不敢表达需求，也不敢寻求帮助。因为总担心自己会被别人孤立，担心自己不会被别人接纳，所以总是会习惯性地站在对方的立场考虑问题，并预判对方的需求和喜好，以此来决定自己的言行。至于自己的真实想法，因为怕引起对方的反感而选择隐藏。更不敢主动向对方寻求帮助，怕给对方带来麻烦。

（4）沉默寡言，闷闷不乐。因为总是强迫自己活在别人的世界里，从来不正视自己内心的需求，所以总是一副闷闷不乐的样子，也不会主动跟别人沟通。

所以，一旦孩子形成委屈人格，就算是父母也很难忍受孩子的状态，就像小磊妈妈知道小磊被欺负时又急又气的感觉。而小磊之所以形成委屈人格，就是因为小磊的父母以前没能正确应对小磊的委屈情绪。

拥抱和倾听，先接纳情绪再解决问题

面对孩子的委屈情绪，父母应该怎么应对？根据上面小磊的故事，我们不难得出答案。

（1）从监护者到陪伴者。孩子告状时，想要的到底是什么？

父母思考这个问题，就可以确定和孩子沟通的基调。当小磊把自己的委屈告诉妈妈时，他其实是在说："妈妈，我不开心了，我觉得委屈，你要关注一下我的情绪。"

可是从妈妈的反馈来看，她显然没听懂孩子的话，并没有理会孩子的情绪，而是本能地批评小磊"不好好玩""不听话"，对小磊进行批评教育。为什么妈妈抓不住重点？乍一看，我们会觉得是小磊妈妈的认知问题，她没能觉察到隐藏在事件背后的情绪感受。但是稍微深入思考一下就会明白，小磊妈妈并不一定缺乏这种能力，她对小磊的回应更有可能是由角色定位决定的。从小磊妈妈的本能反应来看，她是习惯性地将自己定位为监护人的角色，而监护和管理是这个角色的主要任务，于是就会不自觉地进行评判、批评和矫正。其实，当小磊向妈妈"告状"时，小磊妈妈更合适的角色是陪伴者，觉察孩子的内心情绪并共情，这是陪伴者角色的基本属性。父母只有把自己的角色切换为陪伴者，才能本能地想去觉察孩子的内心情绪，才能主动去共情。

（2）从陪伴者到保护者。亲子间的共情很难得，但是只有共情是不够的。如果后续没有安抚措施，那么之前对情绪的觉察和共情就没有多大意义。觉察孩子的情绪之后，与孩子共情的过程中，父母需要保持情绪稳定，向孩子彰显自己的强大。只有在情绪稳定的父母面前，孩子激烈的情绪波动才能更快地得到安抚。

情绪稳定的父母需要做到两方面的克制。

首先要克制对孩子的疼爱之心。孩子委屈了，眼泪汪汪的，如果父母心疼孩子，也眼泪汪汪的，那么，孩子的委屈感只会越来越强。其次，父母要克制住自己对事情进行定义。孩子可能会因为微不足道的事情而生气，但是这种微不足道很多时候是由父母来定义的。有的父母得知孩子委屈的缘由时，会忍不住哈哈大笑，还不忘说一句："到底是个孩子。"

听到父母说这句话，眼泪汪汪的孩子可能会看着哈哈大笑的父母手足无措，但是，孩子下一次再觉得委屈时可能就不会对父母说了。

当然，我们说的情绪稳定是不失分寸、不夸张，而不是情绪毫无波澜。父母要拥有共情能力，要能设身处地地体会孩子的处境，理解孩子的心情。

（3）从陪伴者到指导者。共情和陪伴，解决的是孩子的情绪问题。而从陪伴者到指导者，父母需要解决的是孩子所遭遇的实际问题。孩子为什么觉得委屈？比如：本来说好今天要出去野餐，什么都准备好了，结果下雨了，孩子会觉得委屈；别的小朋友打翻了东西，老师没弄明白情况就批评了自己，孩子会觉得委屈；自己想玩别的小朋友的玩具，别的小朋友不给，孩子也会觉得委屈……孩子产生的不同的委屈，需要不同的解决方案，都需要父母介入，需要父母从陪伴者变成指导者。

无助感：
被成功体验"喂"大的孩子，
离习得性无助更远一些

当我说"我不行"的时候，我已经被无助感淹没了

小凯妈妈心里很烦：儿子明明很聪明，考试却从来没有考好过。小凯不仅对学习不感兴趣，对其他事情也是一副无所谓的模样。她去找小凯的老师，老师与她有着相同的感觉：两个人都觉得小凯是完全能学好的，但是这需要一个前提，那就是得提高他学习的积极性。

"他是真的挺聪明，但是对学习，他总是提不起兴趣。我每次鼓励他时，他要么说'我不行'，要么就说'我做不到'。我该想的办法也都想了，结果一点儿效果都没有。"

"比如呢？"我很想知道小凯妈妈用过什么样的办法。

"一开始，我和他爸爸商量，他不想学习就对他进行惩罚。罚背课文、罚打扫卫生，甚至还进行过体罚。但是，他

学习的积极性反倒不如以前了。"

"一味地进行惩罚并不能从根本上解决孩子学习动力不足的问题。你们还试过别的方法吗？"

"后来，我们又开始对孩子进行奖励，每次成绩进步都给他奖励，奖玩具、奖旅游，甚至直接奖现金，但是发现效果也不好。"

负向激励和正向激励的效果都不好，很可能是因为都没有触及真正的痛点。我需要了解得更多一点儿。

"之前你们是怎么沟通的？你说他从小就很聪明。"

"小时候，他干什么都特别积极，而且很多事都做得比同龄人好。我怕他骄傲，就有意找一些对他来说很难的事情让他做。慢慢地，他就变成现在这个样子了。"

习得性无助——成功体验少，协作经验也不多

孩子到底是怎么回事？太笨了？太懒了？没有远大的志向？这是很多无法成功"鸡娃"的父母最常见的疑惑。一旦父母产生这样的疑惑，孩子的压力就会增加。小凯现在的学习动力之所以那么不容易被激发起来，就是因为他已经被习得性无助给困住了。

什么是习得性无助？简单来说，就是在经历了一连串的失败和挫折以后慢慢产生的一种无能为力、丧失信心的心理和状态。再说得直白一些就是：被太多的失败摧毁了信心，从而被深深的无助感和无力感包围。小凯的表现就非常具有代表性——明明是个很聪明的孩子，却总是对父母说"我不行""我做不到"。当他说这些话的时候，既不是偷懒，也不是撒谎，而是他真的觉得自己不可能做到父母所说的那些事情。人一旦被无助感包围，就会对自己的能力产生怀疑，从而失去内驱力，那么，所有的行动都会在被动状态下进行，而被动的努力往往是低水平、低效的。在这样的状态下，几乎不太可能产生令人满意的结果。而这样的结果又印证了自我效能感低的人对自己能力的判断："我原本就觉得我做不好，结果就是做了好多次都没有做好，我果然是不可能做好的。"

　　这是一个非常糟糕的恶性循环，就像是个负面效应的增强回路（指的是原因增强结果，结果增强原因）。主观判断和客观结果之间反复互相印证，自我否定的心理越来越严重，直至习得性无助的症状全面呈现：自我效能感低、思维消极、情绪失调、人际关系不良……

至于习得性无助形成的原因，从表面来看，自然是客观上呈现出的一连串的失败和挫折。但是，除此之外，对失败和挫折的主观认知也是非常重要的因素。而不管是客观原因还是主观因素，都与父母有不小的关系。就像故事里的小凯，他所遭遇的失败源自父母的有意为之，而且，在对失败的主观认知上父母也没能做到正确引导。当然，也有些失败是因为孩子的能力不足，而父母的责任主要是没能在对失败的认知上做出正确引导。

在协作体系里"喂"给孩子更多的成功体验

现在我们来解决孩子习得性无助的问题。如果我们做得足够好，完全有可能使孩子免于习得性无助的困扰。所幸，我们已经了解了习得性无助形成的原因，只要再多些细心和耐心，解决这个问题不算太难。解决方法总结起来只有一句话："喂"给孩子足够的成功体验。让孩子用成功体验所带来的自我认同感、自信心等正面情绪来抵消之前那些失败的体验所带来的各种负面情绪。

（1）允许孩子先"躺平"一会儿。为什么小凯妈妈的各种"鸡娃"手段都效果不佳？不是因为这些方法本身有什么问题，而是因为妈妈没能看到小凯身上的问题的关键所在。小凯的问题在于内驱力不足，而不是外界的刺激不够。这就像我们拼命让一个原本就体力不支的人不断地向前跑，结果自然只能是事与愿违。所以，这时候与其换一种方法继续"鸡娃"，不如换一种心态，多给孩子一些理解和关怀，把注意力从事情的结果转移到孩子内心的感受上。我们要多问问孩子累不累，以此来减少孩子对各种形式的"鸡娃"方法的反感和抵触，并帮助孩子逐步完成心力的恢复。

（2）让孩子在舒适区里发光。每个孩子都有自身的优点，只是父母往往把注意力都放在怎么让孩子变得更加优秀上，而本能地忽视了这些。这就是孩子眼里父母的"选择性失明"——孩子做得好的地方，父母视而不见；孩子做得不好的地方，父母反而"明察秋毫"。

所以，父母现在要尝试进行逆向思维——暂时放过那些孩子做得不够好的地方，学会欣赏和赞扬孩子不用怎么太费力就能做得好的事情。有些特质和能力是孩子的"舒适区"，要让孩子在自己的"舒适区"里发光。而父母最好是做一面时时、事事皆有反馈的镜子，把孩子身上的光反射到孩子身上，让孩子看得见自己的每一个高光时刻。

（3）让孩子与失败和解。最后一步要做的就是让孩子科学地看待失败，也就是让孩子进行关于失败的脱敏训练。很简单——允许孩子暂时"躺平"，但不能让孩子一直躺在"舒适区"里。而孩子走出"舒适区"也就意味着孩子可能会经常遭遇失败，这就需要孩子从认知上具备与失败和解的能力。

首先，要让孩子明白他可以很优秀，但是必须承认：总有些事情，自己是做不到的，而且，也没有必要全都做得很好，我们把精力放在自己能做到的事情上或许是个更好的选择。

其次，对于失败，有两个定义：①我们以为的失败，很多时候不过是还没完成的成功；②每一次的失败本质上都是试错的结果。如果能让孩子这样看待失败的话，也许失败在孩子眼里就变得没那么可怕了，孩子因为失败而陷入习得性无助的概率也就低了很多。

Part 18

疏离感:
拒绝"心理孤儿",从开设
"亲子情感账户"做起

疏离感就是我在自己家里，却感觉不到温暖

"我们家莹莹上辈子跟我们不知道是有多大的仇，这辈子像是来找我们讨债的！"

莹莹妈妈只要一开启吐槽模式，对莹莹的抱怨就停不下来。她端起面前茶几上的茶喝了两口润润喉，就又开始诉苦："我是真的想不明白——别人家的闺女都是小棉袄，贴心贴肺的，一天到晚腻在爸妈的身边，那么多的话说也说不完；我们家莹莹却一天到晚冷着脸，一天都说不了几句话，我们问她问题，她也只是应付两句，都不正眼看我们。"

虽然莹莹妈妈的抱怨可能有些夸张，但是能够想象得到的是，这个家庭的亲子关系确实不够亲密。听她说这些，我心中已经隐隐有了判断，但是还需要更多的信息来对我的判

断加以印证。

"你们平时关心孩子的状态吗？"根据我的经验，不太亲密的亲子关系中，父母往往负更多的责任。

"我和她爸爸都是独生子女，我们又只有这一个孩子，你说我们会不会关心她？我们夫妻两个，还有爷爷奶奶、姥姥姥爷，都恨不得把她捧在手心里。她要是头疼脑热、感冒发烧了，我们一家人都睡不踏实。"

看来，他们平时还是比较关注孩子的，起码他们自我感觉是这样的。

"那么，你和她爸爸的关系怎么样？"我突然换了一个方向发问，感觉这个问题会让我离真相更近一些。

"嗯……不是太好。但是为了给她一个完整的家，我们俩都在做着牺牲。"

看得出来，莹莹妈妈原本并不想回答这种私密的问题，但是短暂的犹豫过后，她还是选择把实情说了出来。我之前的判断得到了证实。

"心理孤儿"的标准句式——"你凭什么管我？"

先来了解一个心理学名词——"心理孤儿"。从字面上去理解，指的就是在心理层面失去父母关注的孩子。那些在心理上不被父母关注的孩子，在亲子关系中最典型的表现就是情感上的疏离——通常是父母先忽视了孩子的心理感受，让孩子体验到了疏离感；然后孩子再以同样的方式对待父母，父母也体会到疏离感。虽然在这个过程中亲子双方都体会到了疏离感，但是父母对孩子在心理方面的忽视倾向于无意识，而孩子对父母在心理方面的忽视则更加偏向于有意识。也就是说，父母所感受到的亲子关系的疏离，是孩子在对关系进行界定后有意为之的结果。所以，当父母感受到亲子关系的疏离时，亲子关系往往已经变得很糟糕了，而孩子多半已经表现出孤僻、自卑、胆小、缺乏安全感和自我封闭。他们在正常的社会交往中表现得怯懦，难以融入社会生活。他们在亲子沟通中的典型表现就是冷漠，沟通欲望低，敷衍、应付，最常用的句式就是："要你管？""你凭什么管我？"

至于"心理孤儿"的形成，父母要承担主要责任。具体来说，主要分为以下四种不同的情况。

（1）只关注身体不关注心理。这种情况最容易使孩子产生误会。站在父母的角度，他们以为自己对孩子照顾得无微不至；而站在孩子的角度，他们则觉得父母对他们视而不见。父母所以为的无微不至和孩子所感受到的视而不见，两者巨大的反差主要源于父母在认知方面的偏执。父母以自以为的最好的方式来关心孩子，却没能看懂孩子真正想要的是什么样的关心。

（2）情感缺失，无暇顾及。这种情况主要是因为父母无暇顾及；或者是因为父母工作上的压力过大，完全没有多余的时间和精力关注孩子的内心感受；或者是因为父母之间出现情感危机，父母陷入成年人的精神内耗中，从而无暇顾及孩子的内心感受。很多关系不好的父母，都会做出一个看起来具有牺牲精神的选择，就是以"为了给孩子一个完整的家庭"为由而维系着貌合神离的关系。但是孩子对亲密关系有本能的敏感，父母之间冷淡的关系对孩子的伤害一点儿也不比破碎的家庭关系少。

（3）长不大的父母导致心理反哺。记得有位专业人士解释为什么会有那么多不尽如人意的亲子关系时说过，父母是世间难度最大的岗位，也是要求最低的岗位。很多父母并没有经过任何专业的培训，仅仅是因为年龄到了，孕育了一个新的生命而自动升级为父母，甚至他们当中的一部分人在心理层面还是个没长大的孩子。这些心智还没来得及发育成熟的父母是没有能力去关注孩子的内心需求的，因为他们自己的情绪都还不够稳定，自己的内心都还不够丰盈。在一个家庭中，如果父母的心理不成熟，不但不能给孩子提供必要的心理养分，还会反过来吸收孩子的心理养分，用孩子的心理能量滋养自己，形成心理反哺的局面。一旦父母和孩子之间形成心理反哺的局面，就会比"心理孤儿"这种情况对孩子造成的负面影响更大。

（4）角色缺位。孩子确立亲密关系的关键时期（一般来说是1.5~9岁这个阶段，尤其是在5岁之前），很多父母以为这个时期的孩子还小，什么都不懂，把孩子交给别人带——有的是交给爷爷奶奶、姥姥姥爷带，有的是交给阿姨带，反正就是自己不带，从而导致在亲子关系中出现父母角色缺位的情况。这种父母角色缺位的亲子关系，也是"心理孤儿"形成的另一个重要原因。父母最明显的感受就是，当父母从别人手里接过带孩子的任务时，突然发现孩子和自己不亲。

开设"亲子情感账户"，记录爱与陪伴的点点滴滴

如何避免出现"心理孤儿"这种情况，使亲子关系尽可能亲密？我们只要根据上述原因采取有针对性的措施，就能达到目的。

（1）孩子还是尽量自己带。那些把孩子交给别人带的父母，各有各的苦衷。但是不管有什么样的困难，孩子还是要尽量自己带。1~4岁是生理亲密关系建立的关键时期，5~10岁是心理亲密关系建立的关键时期。如果父母错过了这些关键时期，造成角色缺位的情况，后期要想重建亲密关系的话，难度就会变得非常大。很多在童年时期与父母产生疏离感的孩子，成年后也法和跟父母亲密起来。如果我们实在是因为条件不允许而没法带孩子，起码也要做到主次分明：我们作为父母，要始终处于亲子关系中的核心地位，至于其他辅助者，则应该处于从属和辅助地位。

（2）心理重建，做情绪稳定的父母。在亲子关系中，父母不仅要有关注孩子心理的觉悟，更要有洞悉孩子内心的能力。这就要求我们作为父母，首先要完成自我心理的重建。只有内心丰盈、情绪稳定的父母，才能很好地和孩子建立心理上的亲密关系。动辄大喊大叫、情绪失控的父母，或者一脸木然的父母，就算能意识到孩子内心的需求，但可能他们怎么努力也无法很好地完成亲子间的互动，从而无法建立起亲密的亲子关系。电影《银河补习班》中有这

样一句话：每个孩子身上都有一个神奇的感受器，他们能感受到父母对自己的感情是不是爱。

（3）把握好每一个亲密关键期。有些父母选择把很小的孩子完全交给别人来带，是因为他们觉得小小的孩子只要吃好、喝好就行了，根本不会有什么内心的需求，也不需要特意去关注这么小的孩子的内心。等孩子上学了、懂事了，再好好地陪伴孩子，再去关注孩子的内心需求就够了。这种认知是错误的。4岁之前的孩子确实还没有形成完整的自我认知，但是这段时间是父母和孩子建立生理亲密关系的关键时期，只有在这个时期很好地建立了亲子间的生理亲密关系，之后才能顺利地完成心理亲密关系的建立。而建立生理亲密关系的方法非常简单，就是尽可能多地陪伴。小孩子的认知能力有限，但是大脑会告诉他们"熟悉就是安全的"。所以，在孩子小的时候，要让孩子尽可能多地熟悉父母，这是父母在这个时期陪伴孩子的第一原则。拥抱、拍抚、说话，让孩子熟悉父母的身体、气味和声音。

（4）蹲下来和孩子互动。有些父母说：我们也试图去关注孩子的内心，也很想和孩子建立心理亲密关系，但是孩子往往并不领情，问得多了他还烦，而且孩子越大，这种情况就越明显。这些问题的出现主要是因为父母和孩子互动的姿势错误。父母低着头，孩子仰着头，就很难建立一个平等、自由的沟通模式。只有父母蹲下来，学会平视孩子，孩子才会对父母敞开心扉。当然，这里说的

"蹲下来"，并不只是一个简单的动作，而是一种父母和孩子沟通的姿态，说的是父母要放下父母的架子，学会和孩子做朋友。

背叛感：
每个人都是自己的国王——
陪孩子寻找生命的主角

他是我最好的朋友，我却不是他最好的朋友

"为什么琪琪不喜欢跟我玩了？我们以前是最好的朋友啊！"

小女孩和妈妈说着自己的疑问，眼睛紧紧地盯着妈妈，希望从妈妈那里获得答案。

"我觉得琪琪没有不喜欢跟你玩呀！只不过你们现在不在同一个幼儿园，不能天天见面而已。"

妈妈开口就否定了女儿的说法，或许她是真的觉得两个小朋友的关系并没有发生变化，或许她是想安慰女儿。

"今天我们明明在小区里遇见她了，她手里拿着好几个玩具，却没有让我玩一下。以前，不管有什么好吃的、好玩的，我们都会和对方分享的！"

小女孩显然不认同妈妈的说法，如果小女孩说的都是真的，或许两个小朋友的关系真的是不如以前了。就像小女孩说的那样，之前她们不管有什么都要和对方分享。但是妈妈当时只顾着和琪琪妈妈聊天，并没有注意到小女孩说的这些细节。

　　"也许她当时只是忘记了。"妈妈还是不愿意让孩子面对这个现实，试图给出别的答案。

　　"我都问她了，她说那些玩具是分享给她的好朋友的。"说到自己最好的朋友要把玩具分享给别人而不是自己，小女孩的眼睛已经变得潮湿。

　　"一个玩具说明不了什么，她到了新的幼儿园，需要结交新的朋友，但是我相信你们依然是最好的朋友。"

　　妈妈还在尝试打消女儿的想法，女儿却再也控制不了自己的情绪，她冲着妈妈喊："我都问过了！我问我还是你最好的朋友吗？她说不是了，她有别的更好的朋友！"

　　说这句话的时候，晶莹的泪珠已经顺着小女孩稚嫩的脸颊滑落。

你有你的生活，朋友另有生活

"曾经最好的朋友，现在有了更好的朋友。"

"他是我最好的朋友，但是我不是他最好的朋友。"

"我把自己的秘密告诉了我最好的朋友，他却转头告诉了别人，还和别人一起笑话我。"

"我和爸爸约定共同保守我们的秘密，但是爸爸转身就把这个秘密告诉了妈妈。"

当这些事情发生在孩子身上时，孩子的情绪会变得很低落，也很复杂。父母把孩子的这种复杂的、低落的情绪统一叫作"不开心"，但是，不开心的说法实在过于笼统，很难让人精准找到解决问题的关键点。如果说得再准确一点儿，那是一种被亲密关系背叛的感觉，也就是我们平时说的"背叛感"。

背叛感给孩子带来的痛苦和困惑很难用言语来形容，却可能给孩子带来深远的影响——打击孩子的信任感和安全感，使孩子产生深深的恐惧和不安，内心失落和自我否定，甚至会对身边的人产生怨恨感和排斥感，不管是对孩子的内心还是对人际交往都有着非常大的影响。尤其是来自父母的背叛，严重时会影响孩子人格的发展。有时，孩子如果没能妥善处理被背叛的感觉，以后可能会本能地把所有的分离都定义为背叛。但是10~18岁的孩子必须经历和父母、和原生家庭的分离，才能完成人格的独立发展。但是在背叛感的影响下，很多孩子因为不想做一个背叛者而选择继续和父母绑定在一起，做一个听话的乖孩子。这种因为对背叛的错误定义而产生的背德（违背道德）感和内疚感，对孩子的个性发展有不良的影响。

所有伤心都应该被接纳，任何自我惩罚都不被允许

背叛感对孩子有种种负面影响，但是令孩子体会到背叛感的事情是成长过程中不可避免的。父母所能做的，就是引导孩子以正确的心态面对。而要做到这一点，父母需要做到下面四点。

（1）接受孩子的情绪。故事里的妈妈在和女儿交流的过程中，一直在不断地尝试否定女儿的想法，以否认两个女孩间的友谊发生了变化的方式来安慰孩子，却始终没有关注女儿的情绪问题，而这恰恰是父母最应该关注的。父母应在第一时间关注孩子的情绪，并承认孩子产生这种情绪具有合理性，而不是忙着去定义和说服。面对孩子所有的情绪问题，父母首先应该接纳和共情。这是接下来所有工作的基础和前提。

（2）了解孩子交朋友的特点。想要真正化解不同年龄段的孩子因朋友的疏离而感受到的背叛感，就需要父母了解不同年龄段的

孩子对朋友的定义，最好不要用成年人的标准来解读孩子世界里的游戏规则。

如果是3岁左右的孩子，他们对朋友的定义就是可以一起玩耍的人。对于这个年龄段的孩子来说，游戏是最重要的交友方式。在他们看来，不在一起玩就不再是好朋友了。4～7岁的孩子，他们眼里的朋友就是那些喜欢自己、能够把喜欢的东西分享给自己的人，这叫基于行为的友谊——能分享就是好朋友，不能分享就不是好朋友。8～10岁的孩子，他们眼里的朋友就是那些在遇到困难时能够指望得上、能够帮助自己的人，这叫基于信任的友谊。11～15岁的孩子，他们眼中的朋友是那些可以分享心事和秘密，能够认同自己的想法和感受，能够和自己共情的人，这叫基于心理亲密的友谊——彼此能够共情，能够听得懂对方的心声才是好朋友。父母只有了解了这些，才能在孩子说因为某件事感觉对方不再是自己的好朋友时，做出正确的判断和回应。

（3）帮孩子多交几个好朋友。为什么失去一个朋友时孩子会有那么强烈的背叛感，会感到那么失落和伤心？很多时候就是因为孩子只有这一个朋友，他把这个朋友定义为"最好的朋友"。这是他友谊的全部，失去了这个朋友，也就失去了全部的友谊。因此，伤心、失落、难过也就不奇怪了。所以，为了避免这种情况发生，父母应该帮孩子多结交一些朋友，而且尽量不要对孩子的好朋友进行"层级"划分，不要轻易说谁是孩子"最好"的朋友。

（4）教会孩子用发展的眼光看友谊。为什么当友谊出现变化时，孩子会有一种遭遇背叛的感觉？就是因为孩子给友谊下了"永恒不变"的定义。我们需要让孩子明白，每个人一天天在长大，身边的朋友也在不断地发生变化。一个曾经和你关系很好的人，现在变得没有那么亲密了，并不一定因为他不好或者他不喜欢你了，可能只是因为对方成长了。但不管怎么样，都不能否认双方曾经是好朋友的事实。而且，今后还会遇到新的朋友——这是一件值得高兴的事。

Part 20

不满足感：
即使不满足，也会承认满足感需求的合理性

要求没有被满足，我想要闹人

"妈妈，我想发脾气！"箐箐坐在妈妈的对面，嘟着嘴巴，一双大眼睛瞪得溜圆，脸上的表情一半是委屈，一半是愤怒。

"说说吧，你为什么想发脾气？"箐箐想要发脾气的宣言让妈妈忍俊不禁，她回话也半是玩笑半是认真。

"我只是想吃一个冰激凌，你们为什么不让我吃？之前说好的，我一天可以吃一个冰激凌！"和妈妈的态度不同，箐箐回答得很认真，她只是想吃一个冰激凌。

妈妈好像突然想起了什么，脸上的表情也变得认真起来："你还在为这件事生气呢？我早就跟你说过了，不是不让你吃，只是说让你等到下午再吃。妈妈当然记得咱们约定

过你一天可以吃一个冰激凌，只是妈妈想让你学会等待。"

"可是，我就想现在吃。反正我只吃一个，我为什么要等到下午？"箐箐再次明确地表达了自己的想法。

看箐箐并不准备妥协，妈妈的态度也变得强硬起来："那就说说你准备怎么发脾气吧！你学不会等待，今天就没有冰激凌吃，以后也不会有！"

之前约定过的冰激凌不仅没能马上吃到，还受到妈妈的惩罚，箐箐"哇"的一声哭了起来。她真的开始发脾气了……

妈妈过度强调延迟满足，小心孩子出现心理匮乏感

箐箐是个讲道理的孩子，在情绪爆发之前懂得提前知会妈妈，还准确说明了想要发脾气的原因。妈妈看起来也不像是个不讲道理的妈妈，她遵守约定，没有不让箐箐吃冰激凌，只是让箐箐等到下午再吃，并明确告诉箐箐这样做是为了让她学会等待。

但是，一个讲道理的孩子和一个讲道理的妈妈最后为什么不能用讲道理的方式来解决问题？这里面涉及孩子的要求要不要满足和要不要马上满足的问题。这个问题不只让箐箐母女困扰，即便在亲子教育领域都还存在

一定的争议。

那么孩子的要求到底要不要满足呢？要满足的话，又要不要马上满足呢？解决这个问题之前，我们先来聊聊箐箐的情绪——如果不满足，或者不马上满足会让箐箐产生什么样的情绪？这种情绪又会给箐箐带来什么样的影响？有个心理学名词叫作"匮乏感"，所谓匮乏感就是感觉永远不会被满足，感觉永远不够。这是一种心理感觉，和一个人实际上拥有多少没有关系，而是和内心的黑洞有关。匮乏感不仅可能让人变得焦虑、恐慌，还可能让人决策失误。成年人生活中大部分的错误决定都和匮乏感的影响有关。关于匮乏感产生的原因，主流的看法是物质匮乏在内心世界的映射。因为物质匮乏，很多需求长期得不到满足，时间久了，就有了一种永远不会被满足的感觉。但是，这种被动式的匮乏感更符合几十年前的社会环境，受当时的物质条件所限，很多父母没法去满足孩子的需求。如果在当下的环境中来讨论匮乏感这个问题，现在的匮乏感更像是一种主动的匮乏。所谓主动的匮乏，指的是匮乏感并不是因物质条件受限而产生的，而是源自父母的认知，更多是源自父母的教育理念。

箐箐妈妈的做法就非常具有代表性。现在流行一种理念，叫作"延迟满足感"——明明可以马上被满足的需求，却要有意地等一等，有时还要等很久，甚至永远不会被满足。很多父母认为，这样做能够让孩子学会等待，增强孩子的自控能力，能够使孩子为了将来更大的利益而放弃眼前的即时满足，成为一个长期主义者。但是，事实表明，这种做法并不能有效地增强孩子的自控能力，反而容易使孩子陷于匮乏感之中。

即使不满足孩子的需求，也不要否定孩子需求的合理性

了解了匮乏感的真相之后，关于孩子的需求要不要满足的问题就有了答案。这个问题的答案应该是这样的：凡是孩子的合理要求，都应该被满足，而且应该立即满足，并且没有任何附加条件。

如果仔细思考这个答案，不难发现里面暗藏玄机。我们说的是"合理的要求"，那么，到底哪些要求是合理的，哪些要求是不合理的？这又是个见仁见智的问题。这当中的分寸又该怎么去拿捏？下面有几个建议供参考。

（1）"必要"和"牺牲"互相印证。孩子的需求合理与否，可以用"必要"和"牺牲"两个标准来互相印证。在不对孩子的身

心造成危害的前提下，如果孩子的需求是父母很容易就能满足的，那孩子的需求就是合理的，就是应该被满足的，最好是当下就满足。如果满足孩子的某个需求对父母来说有一定的难度，甚至需要父母或整个家庭做出牺牲才能满足，那就一定要看这个需求是否必要，如果不是必要的，那就是不合理的。

（2）合理的需求不需要任何附加条件。孩子的需求只要合理，那么都应该得到满足，而且应该尽快满足。这一点，很多父母还是能够做到的，但是他们在满足孩子的需求时不经意间多了一个动作，这个多出来的动作就像是画蛇添足，一不小心就会让父母的付出前功尽弃。最为典型的动作就是哭穷——父母一面满足孩子的需求，一面喋喋不休地说："爸爸妈妈挣钱很辛苦，要省吃俭用才能给你买这些东西。你可一定要懂得感恩，一定要回报我们啊！"

这些父母不仅喋喋不休，还会乘机提出要求，以为这样才不白白满足孩子一回。实际上，这样做虽然满足了孩子的需求，却依然不能使孩子免于匮乏感的困扰。因为匮乏感还有一个强关联词——不配。父母在满足孩子的需求时说一通像上面这样的话，虽然满足了孩子的需求，但是会让孩子认为自己不配拥有这些，孩子会认为父母是为了某种交换才勉强给的。

（3）物质可以满足，但精神也不能匮乏。有些家庭确实能够很轻易地满足孩子几乎所有的需求，但是结果并没有想象中那么理想。孩子内心的黑洞总是没办法被填满，显然也是受到匮乏感的影响。这主要是因为被满足的方式不对，有不少条件很好的家庭在毫不犹豫地满足孩子需求时忽略了必要的情感陪伴。他们试图以超出孩子需求的物质满足来弥补情感陪伴的不足，甚至想以物质代替情感陪伴。这就在无形中又触及了匮乏感的另一个领域——情感匮乏。情感匮乏是多少物质都无法填补的。

（4）即便是不能满足的需求，也最好不要打压。我们所讨论的合理的需求和不合理的需求是从可行性的维度解读的，而不是在需求对错的维度解读的。对于那些不合理的需求，也就是说不能满足或者是暂时不能满足的需求，很多父母会因为无法满足孩子这样的需求而习惯性地对孩子的需求进行否定和打压。比如："整天不好好学习，净想着那些没用的东西，越来越不像话。""也不看看我们家什么条件，你还这么爱慕虚荣，一点儿都不体谅父母。"

父母这种既不满足孩子的需求，还要否定需求的做法最容易激发孩子的匮乏感。正确的做法应该是：虽然没办法或者是暂时没办法满足孩子的需求，但是要认可孩子的需求。要让孩子明白：想要拥有更好的东西或者想要过上高质量的生活的想法没错，孩子不但不应该被谴责，还应该受到鼓励。父母可以鼓励孩子以后靠自己的努力去获得这些东西，至于现在为什么无法满足孩子的需求，要如实和孩子说明情况。父母虽然不能满足孩子的物质需求，但是可以用理解和爱给予孩子情感上的认同。

无聊感：
如果没有切实的好处，那就让事情变得更酷

好无聊，不知道该干点儿什么

"妈妈，外面下雨了！"

6岁的小凡跑到正在收拾屋子的妈妈面前，边说边伸手想把妈妈拉到窗前。妈妈并没有停下手里的活，只是弯下腰，对儿子说："妈妈这会儿正忙着呢，你先一个人去看雨，好不好？"

懂事的小凡也没有再缠着妈妈不放，一个人坐到窗前，托着下巴看外面的雨。

"妈妈，妈妈，雨还在下呢。"独自看了一会儿雨的小凡又一次跑到妈妈跟前。

妈妈没回头，对小凡说："知道了，下就下吧，都跟你说了，自己看雨。"

小凡满脸不高兴地又回到窗前坐下，这次，他没有看窗外的雨，而是一个人愣愣地发呆。

总算能够安静一会儿了，妈妈便继续忙自己的事。可是这种安静并没有维持很长时间，没一会儿工夫小凡又冲着妈妈喊："妈妈，好无聊呀！你还要忙多久？"

"一个小屁孩知道什么是无聊？没看见我在忙着吗？"

被小凡打扰了几次的妈妈语气里多了些不耐烦。

"可我就是无聊嘛。你总是收拾不完，真没劲！"

"那你告诉我什么有劲？我每天帮你收拾，什么都不用你干。你自己玩会儿不行吗？你懂什么是无聊？"

当我觉得那件事又傻又没用，所有的努力就都是在假装

就像小凡妈妈一样，很多父母对孩子的无聊感到不能理解，甚至觉得只有大人才会觉得无聊，小孩子说无聊无非是想要捣乱。但是现实中确实有很多父母听到孩子说"很无聊"，4～6岁的孩子就开始经常说"很无聊"了。再小一些的孩子也不一定真的就不会觉得无聊，只不过他们还不能准确表达自己的情绪。著名心理学家亚当·菲利普斯（Adam Phillips）认为，孩子虽

然不一定会以"无聊"来表达内心的想法，但是他们有一个永恒的主题："我现在应该做什么？"心理学家詹姆斯·丹克特（James Danckert）曾对无聊下过这样的定义："无聊是一种想要却无法参与到令人满足的活动中的不适感。"当孩子觉得无聊时，通常伴随着烦躁和不安等负面情绪。孩子在这种情绪的影响下还可能做出一些具有攻击性和破坏性的行为或者故意干扰别人的行为。孩子想要用这种方法来缓解无聊带来的情绪压力。

可见，不管大人能不能理解，孩子的无聊感都是真的存在的。但当孩子说"无聊"时，如果父母未理会，孩子就可能真的开始捣乱。有位妈妈说，孩子无聊时就会来抓她的眼镜，她不理孩子的话，孩子就会掰她的眼镜腿，还会抢夺键盘，或者干脆把键盘摔坏，要么大喊大叫，要么就做一些危险动作来引起父母的注意。

但是当你问孩子到底为什么他们会觉得无聊时，他们又说不明白。有的孩子说，妈妈在工作不陪我玩，我就觉得无聊；有的孩子说，当我觉得没有意思时，就觉得无聊；还有的孩子说，当我觉得不好玩时，就会觉得无聊。

孩子到底为什么会觉得无聊呢？我们通过孩子的

只言片语还原一下，下面四种情况容易让孩子有无聊的感觉。

（1）缺少趣味性。当孩子觉得现在所做的事没有趣味时，父母再怎么让孩子"上一边儿玩去"，孩子也不愿意。这并不是说孩子不喜欢玩了，而是孩子把能够玩的已经反复玩过很多次了，对他来说，已经没有趣味了。所以他就觉得没劲、不好玩、没意思，然后就无聊了。

（2）缺少意义。当孩子被要求做一些事情，但自己并不知道为什么要做时，就很容易感到无聊。比如，当孩子明白了学习的意义所在和目的之后，便会进入自驱状态，学习对孩子来说就成了很有意思的事。如果孩子只是在父母的要求下被动学习，那学习往往就会变成很无聊的事情。

（3）缺少参与感。关于这一点最常见的场景就是：父母带着孩子去参加社交活动，父母和各种各样的人相谈甚欢，但孩子却百无聊赖地一个人坐着发呆。这是个非常典型的孩子感到无聊的场景。孩子之所以无聊，就是因为他没有足够的参与感。

（4）缺少观众与陪伴。孩子在无聊时，常常弄出一些动静来引起父母的注意，或者是故意去干扰父母，想要父母来陪自己一起玩。这就是因为没有观众与陪伴，孩子觉得无聊。

如果没有切实的好处，那就让事情变得更酷

很多父母在了解了孩子确实会感到无聊后，首先想到的就是应该做些什么让孩子不再那么无聊。其实，我们并不一定非要做什么，无聊感，或者说一定程度的无聊感，对孩子来说不一定是一件坏事。前面，我们了解了无聊感所带来的情绪压力，现在我们来聊聊无聊感的好处。

无聊的状态也是孩子头脑放空的状态。孩子没有什么要紧的事情做，或者不知道应该做什么时，有可能会彻底放飞想象力，思考一些平时没有思考过的事情。在这种情况下，孩子的思维发散，想象力是最丰富的。很多孩子在百无聊赖时，索性静静地发呆，然后就不自觉地进入另一个世界，一个完全由自己的想象构筑起来的故事世界。如果父母能引导孩子把这个故事讲述出来，这多半是个很棒的故事。所以，无聊的好处是孩子可以放空大脑，激发想象力和创造力。

既然无聊感有利有弊，那么，如何才能尽量避免无聊感给孩子

带来的情绪影响，而利用无聊感激发孩子的想象力和创造力呢？以下几个建议，权当抛砖引玉。

（1）赋予每一件小事以意义。不知道因为什么去做某件事时，孩子是很难对这件事情产生浓厚兴趣的。只有事情被赋予了意义，孩子做的时候才不会无聊。就像本节开篇的故事，当小凡对妈妈说外面下雨了时，如果妈妈能对他说："那你帮妈妈看看外面的雨景，好不好？然后你讲给妈妈听，这样妈妈就可以一边干活一边欣赏雨景了。"这样一来，相信小凡坐在窗前看雨时就不会那么无聊了。

（2）让孩子深度参与某件事。在孩子的能力范围内，尽量让孩子独立承担活动中的某个角色且不轻易干预。父母的过度干预会让孩子从一件事的参与者变成旁观者，无形中把孩子边缘化。被边缘化的孩子感觉自己对于这件事来说可有可无，自然很容易感到无聊。

（3）陪孩子做他擅长的事，和孩子一起放飞想象力。感到无聊的孩子，会在第一时间想办法引起父母的注意。父母在接收到信号后最好主动问问孩子是不是需要自己陪伴，至于怎么陪伴，最好也问问孩子。孩子可能说要陪他一起做一件什么事，那就陪孩子一起做好了。但要记住：是陪孩子一起做，而不是让孩子看着做。孩子才是所做的事的主角。如果孩子一时之间不知道做什么好，那就提议做孩子最擅长的事情好了。父母作为陪伴者和引导者，一定要起到启发和引导作用，帮孩子释放想象力和创造力。

郁闷感：
真正温柔的妈妈，会允许孩子
不开心

不高兴时，更怕妈妈说"有什么理由不高兴"

"我和其他家长不一样，我从来不'鸡娃'，也不搞什么高压式教育。我就想给孩子一个无忧无虑的童年，孩子的需求我会尽可能地去满足，只要孩子开开心心的就够了。"

我静静地听着眼前这位穿着讲究的年轻妈妈讲话，特意没有打断她。我在等着她说"可是"，"可是"之后的内容才是事情的关键所在。这位妈妈在阐述完自己的育儿观念后，毫不意外地说出了预料中的"可是"。

"可是，她还整天不开心，你说气人不气人吧？我真的想不出我还能怎么办，难道想让孩子开心也那么难吗？"

她的无奈和无力感我完全能够理解，她之前所做的一切只是为了让孩子开心。但是，这位妈妈做了那么多事情后，孩子并没有感到开心，甚至变成了不开心。

"你怎么界定你所说的无忧无虑的童年？"为了能够了解更多，我不得不进行引导性提问。

"就是孩子一天到晚都开开心心的。"这位妈妈几乎是不假思索地给出了答案，而我据此找到了问题的症结。

"如果孩子偶尔不开心，你会怎么做呢？"

"不开心是不对的，她有什么可不开心的？我会跟她说：'我做得还不够好吗？你到底要怎么样才能开心？你告诉我。'"

她在说这几句话的时候，竟然有些歇斯底里。很难想象，一个孩子在这样的妈妈面前，怎么能够开心得起来。

突如其来的不开心和日复一日的假装开心

"无忧无虑，永远开心"可能是所有父母对孩子最美好的祝愿，但是真的能让这个愿望实现的父母并不多。这不多的父母中，一部分就像这位妈妈一样，不对孩子的学业提要求，不要求孩子多优秀，家里条件不错，不需要孩子承受太大的压力，只要孩子开开心心地做自己就行；另外一部分就是接触过"快乐教育"的父母，他们坚信快乐教育能让孩子变得更加优秀。但是，不管是哪种父母，只要是把标准锚定为"永远开心"，往往事与愿违。因为在这个标准下，他们的目标已经从"让孩子开心"悄悄变成了"不允许孩子不开心"，这就等于剥夺了孩子不开心的权利。

孩子被剥夺了不开心的权利，反而会更加不开心。因为孩子面对的实际情况远没有父母想象中那么美好，父母再怎么努力，孩子还是会遇到各种不开心的事。如果父母见不得孩子不开心，这并不是减少了孩子的烦恼，而是增加了孩子的烦恼。

有些父母发现孩子不高兴，就对孩子说"你凭什么不高兴"。有些父母会因为孩子不高兴而变得敏感、焦虑，甚至最后让全家都不高兴。这些行为都在向孩子传递一个信息：不开心是不对的、不应该的，是对父母的付出的一种辜负。这样一来，孩子以后再遇到不开心的事，就又多了内疚和自责。这些多出来的烦恼有可能让孩子的情绪变得越来越糟糕，于是，孩子一方面要忍受内心的种种烦恼，另一方面还要在父母面前假装开心。时间久了，孩子就会产生一种郁闷感。

而孩子长期感到郁闷，必定是因为没能得到接纳和理解。比如，愤怒会导致郁闷，有些研究者认为愤怒导致郁闷的情况更多地出现在儿童和青少年身上，主要是因为他们的愤怒更多的时候没办法对父母直接表达。

允许孩子不开心，孩子才能真的开心

我们了解了孩子产生郁闷感的过程，就要从过程中找到破解的方法。

（1）完成"主客场"转换。当我们不允许孩子不开心时，经常说的一句话就是"你应该开心"："因为我已经为你做了很多，所以你应该开心"；"因为我没有给你很大的压力，所以你应该开心"；"因为我尽力满足你的需求，所以你应该开心"；等等。父母口中的"我觉得""你应该"都是建立在以父母意愿为中心的基础上的。但是孩子的主观感受并不会以父母的意愿转移。所以，要想解决这个问题，首先要做到的就是完成"主客场"转换。父母必须意识到，不管自己为孩子做过什么，都没有理由在孩子的主观体验和情绪方面对孩子说"你应该"或者"你必须"。毕竟孩子才是自己的体验和情绪的主体，而父母不管付出了什么都只是辅助。只有搞懂了孩子真的开心和父母一厢情愿的"应该开心"之间的关系，父母才能理解孩子并在回应方式上做出改变。

（2）成为"容器型"父母。"容器型"父母的说法源自心理学家比昂（Bion）的"容器理论"。比昂认为，当外界的危机可能对孩子造成较大冲击时，高明的父母需要具备良好的"容器"功能。所以，"容器型"父母指的是父母要有容纳、转换、消化孩子负面情绪的能力。这其实是明确了：当父母不允许、不接受孩子不开心时，究竟是谁出了问题？当妈妈不允许孩子不开心，却不得不面对孩子的不开心时，妈妈的情绪状态已经变成了焦虑和委屈，很快又会变成愤怒。处于这种情绪状态中的父母，既不能接受孩子的不开心，更不可能消化孩子的负面情绪。孩子偶尔不开心是正常的，但父母因为孩子的不开心而产生各种负面情绪显然是有问题的。他们的问题就是——没能让自己成为"容器型"父母。

（3）重新理解"看见孩子"。要想成为"容器型"父母，就要做到"看见孩子"。前面提到过，好的父母应该能够看见孩子，能够看见孩子的内心和情绪。但是，只看见孩子的情绪，还不算是真正的"看见孩子"，还要能够看到情绪背后的东西，比如：孩子为什么哭？当孩子哭的时候，他真正需要的是什么？很多父母并没有洞察到这一层，所以没能成为"容器型"父母。那么，洞察到这一层的父母是不是就能成为"容器型"父母呢？也不尽然。那些洞察了孩子情绪背后的内容却没能成为"容器型"父母的人，多半是因为过于急躁，太想干预孩子的情绪，结果适得其反。因为不管是对孩子的情绪进行干预还是指指点点，都会堵住孩子情绪的正常出口。所以，真正的"看见孩子"，就是在洞悉孩子情绪背后的内容后，能够做一个安静的陪伴者。倾听孩子的烦恼和不开心，安静地陪在他身边，告诉孩子这没什么大不了的。

怨恨感：
忘掉父母这个身份，和孩子进行一场关于怨恨的对话

父母说爱我，我却恨他们

"都说母子连心，母亲和儿子是不是天底下最亲的人？可是，你竟然说恨我。这难道就是我该得到的回报？"

"我就是恨你，还恨我爸爸！你们有多'爱我'，我就有多恨你们！"妈妈诉苦的话还没有说完，就被儿子打断了。儿子的话几乎是喊出来的，声音中的怨恨比妈妈的委屈要强烈很多。

"你恨我们，难道你就不觉得有什么不对吗？"

听到儿子的话，妈妈难以置信，但是儿子接下来的反驳，却让妈妈变得不知所措。

"我为什么不能恨你们？你们口口声声说爱我，但你们爱我到底是因为我是你们的孩子还是因为我做了让你们高兴

的事？你们总说你们对我的爱是无条件的，但当我做了不符合你们期望和要求的事情之后，你们是如何对待我的？"

我把最好的都给了你，却换来你对我的恨

父母爱孩子，孩子却恨父母，这颠覆了我们的认知。曾经有一家机构对中学生进行了一项名为"你对父母的态度"的调查，结果显示，在被调查的3000多名中学生当中，极度反感或者是痛恨父母的学生的比例比想象中高。也就是说，虽然我们一直以来都觉得孩子是自己最亲近的人，但是有相当一部分孩子对父母有强烈的怨恨感。这就是有人曾说过的"家庭会伤人"，最亲近的人总是"相爱相杀"。

孩子的怨恨感一旦形成，会对亲子关系带来非常大的负面影响。亲子间的大部分矛盾和孩子的这种情绪有关。如果孩子的这种怨恨的情绪不能得到妥善解决的话，积累得太多，一旦爆发就会造成难以挽回的影响。就算是积累的情绪没有爆发，也会让孩子和父母越来越疏远，甚至孩子成年后再也不想回到父母身边。但是，并不是所有对父母怀有怨恨的孩子都会选择把话说出来。

父母该怎样判断自己和孩子之间的关系？怎样才能知道孩子到底有没有恨自己？如果父母足够细心，对亲子关系的状态是完全能够感受到的。只不过，亲子关系不好的家庭，父母大多不敏感。如果孩子总是处于以下几种状态中，父母就要认真考虑亲子关系的状态，并需要及时做出调整。

　　（1）孩子说话时总是表现出攻击性。原来明明会沟通的孩子，突然间不好好说话了；原本正常的沟通，不自觉地就出现明显的攻击性。需要注意的是，这里所说的是在没有什么特别的事发生的情况下，孩子却经常出现攻击性。但如果是有明确的诱因，或者是偶尔这样，则只需具体问题具体分析，完全没必要大惊小怪。

　　（2）非暴力不合作。就是孩子呈现冷暴力状态，不言不语不搭理，拒绝沟通，让自己处于负面情绪中，且对于这种负面情绪，不做调整也不想去调整，想要通过这种状态来表明自己的态度，向父母示威。

　　（3）容易情绪上头，绝不道歉。遇到一点儿小问题就情绪失控，语言和行为让父母非常难堪。动不动就会被惹怒，被惹怒以后绝不轻易原谅对方，就算是对方先道歉，也要来回折腾几番才算罢休。

需要注意的是，当我们在讨论孩子的怨恨感时，我们所说的绝不仅仅是怨恨这一种情绪。那些被怨恨情绪操控的孩子，会在潜意识里把自己想象成一个受害者，会习惯性地觉得自己被侵犯了、自己被伤害了。当孩子出现情绪失控的言行时，他心里真正渴望的是来自父母的关怀、安慰、理解和呵护。

来一场关于怨恨的对话吧，卸下父母的身份

父母爱孩子，孩子却恨父母，这并不是说有那么多的孩子不懂得感恩，而是因为有太多的父母在爱孩子的方式上出了问题。现在就来分享几个正确地爱孩子的方法。

（1）发自内心地爱孩子，而非爱孩子所做的事。就像故事里的孩子对妈妈的发问：父母爱孩子到底是因为他是父母的孩子，还是因为他做了让父母满意的事？当孩子时时刻刻都让父母满意时，父母表达对孩子的爱完全可以依靠本能。而当孩子让父母不那么满意时，如何正确地爱孩子就成了对父母的考验。越是在这个时候，孩子对父母的表现就越敏感，孩子是能够感受到父母对自己的爱是不是无条件的。所以，父母要做的就是让孩子感觉到你爱的就是孩子本身，而不是因为孩子做了什么。

（2）分清爱和控制。当父母的爱足够深，关心面面俱到时，在孩子看来却和控制很像。父母理想中的亲子关系是亲密无间的，但是，真正完美的亲子关系恰恰是亲密有间的。因为亲密无间的关系很容易让孩子感到窒息，有强烈的被控制的感觉。如果父母采用控制、操纵的方式爱孩子，会对孩子的自主感和能力感产生影响，降低孩子的自我价值感。父母这种爱的表达，会和孩子自我意识发展之间产生矛盾，从而激起孩子对父母的怨恨情绪。所以，作为父母，一定要分清什么是爱，什么是控制。只有用非侵入性的爱的表达方式，才能消除爱的表达里的控制感。

（3）表达爱时要有足够的尊重。父母需要给孩子无条件的爱，父母对孩子的爱需要表达，但是爱的表达一定要建立在尊重的基础上。很多父母认为，只要是对孩子好的，或者是为了孩子好的，就可以毫无顾忌地去做，就可以不用在乎孩子的意愿，不用顾忌孩子的感受，觉得哪怕孩子现在有情绪，等他长大后就会理解了。事实并非如此。很多孩子在能够理解父母之前就已经被怨恨情绪控制了。而且，孩子一旦被怨恨情绪所左右，恐怕就很难真正理解父母了。所以，父母爱孩子，也要对孩子多一点儿客气，多一点儿尊重，就像李玫瑾教授说的那样：

"父母需要改变和孩子相处的策略，要'客气点儿'。孩子不想说的事情，不要多问；指出他的问题也要点到为止，相信他自己有基本的判断。"

"父母的智慧在于，知道孩子想要什么，也知道要提醒他什么，然后把这些选项都给孩子，帮助他分析利弊，把各种可能分享给他。孩子会有自己的判断，做出选择。"

愤怒感：
做情绪稳定的妈妈，才能帮孩子解决问题

每当"洪荒之力"来袭，我就会变成小怪兽

"你一点儿都不懂我！总是什么都没弄明白就对我指指点点的！"

刚上初中的小盛一边冲妈妈大声叫嚷着，一边用力挥舞着手臂，仿佛想把妈妈从身边赶走。一不小心，旁边桌上的保温杯被打落在地。杯子发出沉闷的撞击声后，在地板上滚动着，水洒了一地。

"我不知道你为什么那么愤怒，为什么会发这么大的脾气。"

妈妈平和地说完这句话，转身拿了一块干布擦干了地板上的水，顺便把水杯放回桌上。

"我就不能发脾气吗？是不是小孩子就不能发脾气？"

妈妈的话并没能让小盛安静下来，他生硬的语气中满是还没消散的怒气。妈妈没有理会他挑衅的话，只是走过去在小盛身边轻轻地坐下，平静地说："妈妈完全能够理解你现在的感受，因为我也有非常愤怒的时候。每当我控制不了自己的愤怒时，都想找个人说说，因为我知道只有愤怒是解决不了任何问题的。如果你也想说一说的话，可以和妈妈说。"

　　"你们总是对我的事情指指点点，都不问我为什么要那么做。难道我不该生气吗？"听到妈妈询问自己愤怒的原因，小盛开始"控诉"。只是，他自己都没有发现，他说话的语气缓和了许多，声音也小了一些。

　　"所以你是因为爸爸妈妈对你的事干涉得太多而感到愤怒，是吗？"

　　妈妈的声音还是柔柔的，依旧那么平静。

　　"也不是干涉得太多，只是你们在说我前，能不能先问问明白？"

　　小盛说出自己的想法时，情绪也变得平和了很多。

　　"所以，你的建议是以后我们在跟你谈一些事情时先全面了解情况，是吗？"

　　妈妈平静地复述了小盛的建议，让小盛确认。当小盛确认时，之前的怒意已经完全消失了。

"小怪兽"的秘密就是把妈妈变成另一个"怪兽"

故事里的小盛为什么情绪那么激烈？就像他的妈妈说的那样，因为他愤怒了。当人们处于愤怒的状态时，发泄这种强烈的情绪就成了本能反应。如果不能让自己从愤怒中平静下来，是很难进行正常、高效的沟通的。另外，由于孩子的心智发展尚不成熟，控制情绪的能力比成人的更为有限，所以愤怒中的孩子看起来比成年人要更加疯狂。从而，在有些父母看来，愤怒中的孩子总是不断地挑衅自己，想要和孩子讲道理根本就无济于事。

我们来看看愤怒到底是怎么回事吧。愤怒其实只是一种结果。当人愤怒时，通常还会有其他负面情绪藏在其中。我们需要了解愤怒的背后还有什么。

（1）内心的不安和惶恐需要愤怒来掩盖。有时，父母会发现孩子愤怒得毫无道理，甚至有时候明明是孩子做错了事情，他却莫名其妙地变得很愤怒。其实这时他可能只是用愤怒的情绪来掩盖内心的惶恐和不安，孩子这时的愤怒会显得有些色厉内荏，愤怒的表现也显得更为夸张。

（2）无助和伤痛需要伪装成愤怒。有时，一个看起来非常愤怒的人，也可能会在一次非理智的发泄之后，躲在角落里孤独地抱着自己，这很可能是他把伤痛和无助伪装成了愤怒。

（3）以愤怒的名义寻求公平。很多人的愤怒表面上看起来非常有攻击性，但是他其实并不想伤害任何人，他愤怒只是因为遭受了不公平的对待，或者是感受到了侵犯。他通过表达愤怒为自己争得公平。

人在愤怒时，尤其是孩子在愤怒时会怎么样？这完全取决于他愤怒的表现会得到什么样的回应。愤怒会把孩子变成一个很难被控制的"小怪兽"，"小怪兽"真正可怕的地方并不在于他的攻击性和危险性，而在于他能快速点燃父母的怒火，把父母变成一个"大怪兽"。然后两个"怪兽"之间展开一场毫无理智可言的交锋，这样的结果才是最糟糕的。

"

远离油罐心理，做情绪稳定的妈妈

"只有当愤怒真正被倾听和被理解时，它才会全部消散。"美国心理学家卡尔·兰塞姆·罗杰斯（Carl Ransom Rogers）的这句话道出了化解愤怒情绪的方法。成年人的愤怒需要被看见和被理解，而对于心理发展不成熟、情绪控制能力差的孩子来说更是如此。就以故事里的妈妈为例，学习如何化解孩子的愤怒情绪。

化解孩子的愤怒情绪主要分为四个步骤，分别是接纳、拆解、建议和推演。

（1）父母要以稳定的情绪接纳孩子的愤怒。就像故事里的这位妈妈，无论孩子怎么发泄自己的愤怒，妈妈的情绪始终都很平稳，这对于化解孩子的愤怒来说很重要。如果在孩子控诉父母不懂他，或者孩子不小心打落水杯时，妈妈情绪失控，妈妈以烦躁的情绪回应孩子的愤怒情绪，只会让局面越来越不可收拾。只有父母的情绪稳定，孩子的情绪才能变得可控。父母平静地回应，能将孩子的愤怒情绪平复下来。然后父母需要进一步表明立场，抛开愤怒的原因和对错，承认情绪存在的合理性，并在情绪上与孩子保持一致。承认孩子情绪的合理性、共情，做到这两点才算是真正接纳了孩子的愤怒情绪。

（2）拆解愤怒，找到问题的根源。一旦孩子的愤怒情绪得到父母的接纳，孩子就会变得平静很多。在此基础上，父母对孩子加以关心和安抚，沟通就有了可能。在沟通中，父母对孩子的愤怒情绪背后的问题进行拆解，一步步引导孩子说出愤怒背后的其他情绪和导致这些情绪产生的事实。

（3）用建设性的建议解决情绪问题。我们在确认了愤怒情绪产生的原因之后就该把与其相关的问题解决掉，或者教孩子从另外一个角度来看待导致负面情绪出现的事情，从根本上解决孩子的愤怒情绪。父母需要给孩子提一些建设性的建议，比如故事里的妈妈主动问孩子希望父母以后怎么做。这就是父母在试着提出建议，和孩子一起解决问题。

（4）习惯性反馈，让孩子学会自己面对愤怒。跟孩子一起解决问题，可以很好地化解孩子的愤怒情绪。但是愤怒情绪作为人的一种正常的情绪，会经常出现，最好让孩子学会自己面对自己的愤怒。父母每次帮孩子化解愤怒都是一次很棒的示范，但是这还不够。更好的做法是每次在事情结束后，父母和孩子一起进行推演。比如，如果父母粗暴地回应孩子的愤怒，孩子会怎么应对，接下来事情会怎么发展，会有什么样的结局，等等。当然最重要的，推演是为了让孩子尝试其他表达愤怒的方式。在一次次的推演中孩子会快速学会如何正确面对自己的愤怒。如果孩子还小，还不能顺畅地进行这种推演，那么就和孩子一起玩角色扮演的游戏。游戏中，父母可以和孩子互换角色，由父母扮演愤怒的一方。如果孩子比较大且不喜欢这种推演，那就给他讲讲别人的故事吧，毕竟从别人的故事里吸取教训也是我们的本能之一。

Part 25

羡慕感：
来一场"羡慕交流会"吧，
尽情羡慕，适度拥有

别的孩子有的，我也想要

周末，茜茜在公园练习轮滑，有个和茜茜差不多大的小姑娘穿着一双特别漂亮的轮滑鞋。性格外向的茜茜主动和这个小姑娘打招呼，然后仔细看了半天小姑娘的轮滑鞋。

回家的路上，妈妈对茜茜说："是不是很羡慕她有那么漂亮的轮滑鞋？"

被妈妈说中了心事的茜茜小脸微红，故意望向别处，假装很随意地跟妈妈说："才没有。其实那双鞋也没多好，和我的差不多。"

"我觉得特别好看。如果我和你一样大的话，我肯定会羡慕的。"妈妈并没有戳穿茜茜的谎言，只是很自然地说出自己的感受。

"好吧，妈妈，我确实有点儿羡慕。那双鞋确实漂亮。"见妈妈那么自然地说出了自己内心的想法，茜茜也大方地承认。

　　"羡慕就是羡慕，说出来也没什么不好意思的。妈妈以前对别人拥有一些东西也羡慕过，不过，后来我通过自己的努力全部拥有了。有的时候，羡慕也能成为我们努力的动力呢。"

　　"好的，妈妈，我也要通过自己的努力，拥有一双我喜欢的轮滑鞋！"茜茜显然是听懂了妈妈的话。

　　"那么，你要怎么去努力呢？你是不是可以每天帮妈妈做家务，把妈妈给的零用钱攒起来后去买鞋？或者，你可能有更好的办法？"

　　"妈妈，我有一个办法。我想在小区的跳蚤市场上把我读过的书和玩过的玩具拿去卖，然后用得到的钱去买轮滑鞋。"

　　说完自己的想法，茜茜满怀期待地看着妈妈。

　　"书和玩具都是我们送给你的，你有权决定怎么支配。更何况你说的是已经读过的书，妈妈没有理由反对。"

羡慕是应该被鼓励的，妈妈也经常这样

　　和其他很多情绪一样，羡慕也是一种正常的情绪，

并没有什么不对。但是我们说羡慕是人之常情并不等于父母可以对孩子的羡慕情绪不闻不问。现在来盘点一下孩子对他人或某些事物产生羡慕之情时，父母的一些常见的想法和错误的做法。

（1）羡慕是可耻的，不能想更不能说。否定甚至打压孩子的羡慕情绪，这是很多父母的习惯性做法。以至于很多孩子眼巴巴地望着别的孩子拥有的东西时，否认自己内心的真实想法，因为孩子在父母的教育下认为羡慕别人就是没出息，就是不懂事；认为羡慕别人会显得自己爱攀比，同时等于承认了自己比别人"过得差"……他们觉得羡慕的情绪不应该有，更不应该说出来。但是羡慕之情又是真实存在的，所以，否定孩子的羡慕情绪，结果就是：孩子一边竭力否定自己的羡慕情绪，一边偷偷地通过别的途径来满足内心的真实想法，导致言行不一致。

（2）别人拥有的，咱们也要有。这种做法和打压完全相反，一些父母通过即时满足来化解孩子内心的羡慕之情。这些父母觉得：别人拥有的，咱们也可以有，这样，孩子就不会去羡慕别人了。为了不让孩子羡慕别人，有些父母不顾现实条件，想尽办法去满足孩子的需求，通常还会说一句"再苦不能苦孩子"，这既是说给别人听，也是说给自己听。那些不管家庭条件如何，得不到自己想要的东西就撒泼、发脾气，甚至打骂父母的孩子通常就是这么养成的。

（3）把自己无法拥有的东西和坏品行联系在一起。在所有试图否定羡慕情绪的做法中，这种做法是最糟糕的。有些父母因为没有办法让孩子拥有和别的孩子一样的东西，又不想承认不同家庭的条件有所不同，他们便通过否定他人的方法来肯定自己，具体的做法就是：把自己无法拥有的东西和坏的品行联系在一起。比如，看到别的孩子有一个好玩具就说那样的孩子只知道玩，不是个好孩子；看到别的孩子穿漂亮的衣服就说那样的孩子整天就知道炫耀吃穿，将来不会有什么出息；等等。父母这样的言行，会让孩子觉得喜欢一些美好的东西是不对的。但是人们都有向往美好的本能，这会让孩子陷入深深的矛盾中。

让情绪归情绪，让行为的归行为

对于孩子的羡慕情绪，如果父母应对得当，甚至还能帮孩子提取到"羡慕红利"。下面几种方法可供借鉴。

（1）可以大大方方地羡慕。世间所有的美好，人们都可以欣赏、向往。也只有那些懂得欣赏美好的人，才配得上这些美好。父母要让孩子明白，对于有些事物我们可以大大方方地羡慕，在羡慕之后，通过自己的努力来拥有某些美好的事物，那就是再好不过的了。

（2）分清羡慕和拥有的关系。父母要帮孩子分清羡慕和拥有的关系。羡慕是对一些美好事物的欣赏和向往，有时更偏向于欣赏。比如，孩子的同学唱歌唱得好，跳舞跳得好，画画画得好，或者是表达能力超级强……对于同学的这些长处，孩子非常羡慕，这种情况下的羡慕、欣赏和赞美要多过想要拥有的情绪。让孩子夸一夸同学，表达一下羡慕之情，这样，孩子的羡慕情绪有了出口，同时还有可能收获一份友谊。我们所羡慕的，未必要全部拥有。要让孩子明白，对于他人所拥有的，我们可以去欣赏、去向往，可以尽情羡慕。如果自己想拥有同学这样的能力，就要制订行动计划，付出努力，合理拥有。

（3）分清什么是需要的，什么是想要的。父母要帮孩子搞明白什么是自己需要的，什么是自己想要的。比如，如果有一辆自行车的话，上学、放学会方便很多，那这辆自行车就是孩子需要的。比如，孩子想要一架超级酷的无人机，这样他就可以在小伙伴面前好好神气一回，这个就是孩子想要的。需要和想要的区别在于实用价值，父母想要让孩子学会甄别，可以问他拥有某物品后他要用来做什么，没有的话会怎样。如果这一正一反的两个问题的答案都指向事实，那该物品就是孩子需要的；如果答案指向情绪，那多半是孩子想要的。弄明白了需要的和想要的，就要按照不同的原则对待。需要的尽量拥有，想要的适度拥有。

（4）建立拥有路径。甄别之后，对于那些孩子需要的，父母要尽量帮助孩子拥有；对于孩子想要的东西，父母可在"适度拥有"的原则下有选择地去满足孩子。但是父母切不可轻易、盲目地帮助孩子拥有想要的东西。最好是帮孩子建立一个努力拥有的路径，就像故事里妈妈引导茜茜思考怎样才能拥有那双漂亮的轮滑鞋一样。鼓励孩子表达羡慕之情，这是在激发孩子提取"羡慕红利"的动力；而帮孩子建立拥有路径，则是让孩子努力的动力落地。这两点做到了，孩子的"羡慕红利"就能有效提取。

敌视感：
主动权转移，化解禁果效应

一想起妈妈会生气，就感觉很解气

"都说孩子可以分为两种，一种是来报恩的，另一种是来讨债的。但是我觉得我家的孩子属于第三种，他就是来讨打的。"

这位妈妈说的"讨打"的孩子是她正在上小学的儿子茂茂。妈妈说茂茂"讨打"的特质简直就是天生的。别家的孩子最多也就是调皮，犯些错误。但是茂茂是处处和大人作对，他能准确判断做什么、怎么做可以让父母生气，然后就故意那么做，仿佛他做事情的唯一意义就是让父母生气，然后从父母那里讨一顿打。

"我刚刚把饭后的餐桌收拾干净，他转身就拿来几个瓶子，把里面黏糊糊的东西倒了一桌子，一边倒还一边冲着我笑，就好像在说："妈妈，这值不值得打一顿？'"

"刚给他买了新衣服，而且是挺贵的那种，我特意嘱咐他穿的时候一定要爱惜些。可是，不嘱咐还好，一嘱咐倒像是提醒他了。他到外面去转了一圈回来，刚穿的新衣服非脏即破。而且，他到家之后还不停地在我眼前晃，给我展示弄得又脏又破的新衣服。我有时候觉得我就是一头斗牛，而他是斗牛士手里的红布。他把我惹得暴怒的结果就是，他如愿以偿地挨我一顿打。"

"最让我忍受不了的是带他出门，我觉得我都有心理阴影了。凡是我在出门前提醒他不要做的事情，他保准会一件不落地全部做了。不在众人面前打孩子就成为我最后的底线。但是回到家以后，他肯定是逃不掉一顿打的。"

"打了那么多次，管用吗？"妈妈还在滔滔不绝地控诉孩子的"罪状"，我冷不丁地这么一问让她陷入了短暂的沉默中。

过了好一会儿，她才有些无奈地回道："根本没什么用，而且越来越糟。"

孩子自我意识的产生和确认，就在和妈妈作对的过程中

或许茂茂妈妈的"控诉"有一定程度的夸张和失真，但是她所说的习惯性"讨打"的孩子是真实存在的。他们的行为准则总结起来就是：大人越不让做什么，孩子就非做不可，而且要故意做给大人看。

为什么会这样？这就要从孩子的自我意识开始说起。"讨打"的孩子一般集中出现在3~4岁以及10岁以后的青春期——一个是自我意识觉醒的时期，一个是自我意识逐渐完善的时期。孩子产生自我意识，意味着他们不再像之前那样依赖大人，也不再事事顺从，而是开始和大人争夺生活的控制权，且总想抓住一切机会展示自己，想要让大人意识到自己已经慢慢长大了，自己有权利来决定一些事情。这就是我们经常说的"刷存在感"。

但是，遗憾的是，孩子的这种愿望经常会落空，因为并不是所有父母都能够及时意识到这些行为意味着孩子的自我意识在觉醒。而当父母对孩子的认知变化跟不上孩子成长的速度时，往往会用旧有的眼光看待孩子那些彰显自我存在的行为，并将这些行为认定为不听话、不乖、故意和父母作对等。因为这个年龄段的孩子就是常常通过做一些大人不允许的事情，或者说一些大人不允许的话来彰显自己的存在。而一旦父母把孩子的这些言行认定为在和大人作对，就会采取一些强制措施来压制孩子的这些言行。

父母的这种做法只会导致两个结果：要么激起孩子更加强烈的反抗心理，甚至形成敌对情绪，从而更加肆无忌惮地和大人作对；要么就是孩子把这种敌对情绪隐藏在内心深处，变得表面乖巧，实则叛逆。不管是哪种情况，孩子的内心都被敌对感充斥着。当然，也有被父母驯服的孩子，但是这样的孩子往往会形成讨好型人格。

茂茂出现的所谓"讨打"的言行，不过是父母视角下对孩子正在进行的自我发展的错误判断。而父母的这种错误的判断又会导致孩子内心对父母产生敌对感，一旦孩子到了青春期，"讨打得打"则有可能成为常态，孩子和父母的关系会越来越糟。

将主动权转移，利用主动权转移化解孩子的敌对感

现在让我们来聊聊怎么应对孩子的敌对感，或者怎么在孩子刚刚开始和大人作对时，就把孩子的敌对感消灭在萌芽状态。

（1）认识孩子不同时期的作对行为。年龄偏小的孩子，他们的一些让父母非常不满的行为多是出于自我意识觉醒，他们需要在

对父母的否定中一步步形成自己的观点和态度，尝试着从父母的意志中独立出来。他们要建立一套自己的规则，自然就从否定父母的规则开始。这个时期的孩子的举动里，很少有敌对感。但是，孩子进入青春期后，尤其是青春期的后期，那些越来越明显的敌对行为更多是因为自我意识受到压制才做出的。父母只有认清孩子在不同时期出现敌对行为的真相，才有可能采取针对性的应对策略。

（2）让规则负责惩罚，父母只负责爱。既然父母知道了孩子小时候出现的敌对行为和孩子的自我意识的觉醒和发展有关，就要顺应孩子的成长，帮助孩子建立规则。对于孩子做出的一些奇怪，甚至有挑衅意味的言行，不要急着生气，也不要急着反对和打压。父母可以用孩子的语言和孩子沟通，然后找出藏在孩子言行背后的真实意图。比如，父母说下雨天要待在屋里，不要到外面去疯玩，但是孩子每次一到下雨天就跑出去。此时，父母不要急着去批评、打骂，而要和孩子聊聊为什么他喜欢在下雨天跑出去。或许孩子真的是特别喜欢下雨，或许是因为给他新买的雨衣终于能派上用场了，又或许孩子只是觉得按照他自己的意愿做事感觉很棒……不管是哪种原因，父母了解了实情之后，就和孩子约定好今后的规则。这样做有助于孩子建立规则，一旦建立了规则，就让规则约束孩子的行为，甚至可以对孩子的一些行为进行惩罚。有了双方认可的规则，既可以防止孩子肆无忌惮，也可以避免父母对孩子一味地否定和压制。

有了约束和规则，父母就可以只负责给孩子爱的供养了。这一点很重要——孩子的行为越是出格，父母越要充分展示对孩子的爱。这样才能让孩子感觉到，父母对自己的爱并不是因为自己做了正确的事，而是无条件的。这样，在规则之下对孩子进行惩罚时，孩子的挫败感、不安感和反抗情绪会被降到最低。这样，父母就可以减少来自孩子的敌对感的困扰。

（3）主动权转移，保证孩子的自主权。对于那些明显已经被敌对感影响的孩子，父母依然可以有所作为，只需做好三件事。

首先，重新定位亲子关系中的角色。父母要在认知中把"他还是个孩子"替换成"他已经是个大人了"。这种认知的改变一旦落实，原来的动辄批评、打骂的亲子关系模式自然也会随之发生改变。

其次，父母要把关注的重心从看孩子的行为转移到听孩子的心声。当看孩子不顺眼时，父母可以坐下来，和孩子像朋友那样，进行一场成人间的谈话。

最后，父母和孩子之间建立清晰的边界。清晰的边界有利于父母将生活的控制权交还给孩子，也是作为父母能够给予孩子的最高的尊重。父母可以不认同孩子的某些言行，但是一定要保障孩子拥有选择的权利。而权利的保障离不开清晰的边界。什么事情是由孩子自己决定的，什么事情是需要父母介入的——如果父母介入，需要以什么样的方式和孩子进行讨论；如果由孩子自己决定，孩子要如何承担相应的责任；等等。父母和孩子之间的边界清晰了，孩子对父母的敌对感就会慢慢消解。

羞怯感：
读懂害羞的大脑机制，培养社交小达人

我想和她一起玩，但我不好意思说

春节，冰冰和爸爸、妈妈一起回到农村的爷爷家。爷爷家每天都会来很多人拜年。那些人冰冰大部分不认识，她只想一个人躲在房间里玩。妈妈却嘱咐道："那些人都是爸爸的亲戚，你一定要主动打招呼。"

不喜欢和陌生人说话的冰冰低着头，没有说话。妈妈接着说："我知道你内向、害羞，害怕和别人说话，只是简单打个招呼，可以吗？"

尽管如此，冰冰打招呼时还是很羞怯。妈妈只好在旁边打着圆场："我们家冰冰比较害羞，不好意思。"

亲朋好友也帮冰冰说着好话："女孩子嘛，文静一点儿也是好的。"但是看向冰冰的眼神还是有些异样。

爸爸妈妈也会带着冰冰去串门，很多和她差不多大的孩子在一起玩得很开心。冰冰很想和他们一起玩，但是就是没办法鼓足勇气。妈妈又对这些孩子说："我们家冰冰有点儿害羞，其实她很想和你们一起玩，但是她有点儿不好意思。你们可以主动和她玩吗？"

于是，小朋友们热情地围着冰冰你一句我一句地和她说话，但是冰冰却变得更加不知所措。妈妈见状又跑过来给冰冰解围，代替她和小朋友聊天。

害羞不可怕，怕的是一直害羞导致行为抑制

故事里的冰冰对社交场合能躲就躲，而且一旦进入社交场合就觉得尴尬、紧张、焦虑，甚至会退缩，这样的情况，我们平时叫作"羞怯"，在心理学领域则有另外一个叫法——行为抑制。

这些孩子表现出来的羞怯是自身气质的一部分，而且一般都表现得特别稳定，也就是说，想让孩子彻底改变这种状态，难度会非常大。羞怯的孩子其实非常渴望参加社交活动，只是社交压力，尤其是陌生环境下的社交压力阻碍了他们。他们想交流，但这对他们来说压力

很大。但是，这并不是什么大不了的问题，很多小时候很害羞的孩子长大后完全可以正常地参加社交活动，甚至可以在公众场合发表演讲。

但是孩子的羞怯也并不是一点儿问题都没有，孩子羞怯的最大问题就是很多父母会下意识地把它当作问题。很多事情就是这样，当父母把某种状况当成问题并不断暗示孩子时，本来不是问题的事情可能真的变成了问题。当父母过度关注和强调孩子比较羞怯时，对孩子来说，羞怯就很可能发展成社交焦虑障碍。一旦真的发展成社交焦虑障碍，就很有可能会影响孩子成年后的正常社交。研究表明，有羞怯感的孩子中，约有三分之一可能发展成社交恐惧，而父母的不当应对是其发展的一部分原因。最常见的不当应对的做法就是在公开场合或者是单独面对孩子时不断地给孩子贴上"害羞""胆小"的标签，对孩子形成强烈、持续性的暗示。此外，或是对孩子采取过度的保护措施，习惯性地代替孩子进行社交活动，就像故事里的冰冰妈妈所做的一样。

读懂害羞的大脑机制，培养"社交小达人"

孩子的羞怯感如何应对和解决？总结起来，操作方法就是：在最自然的状态下做看不见的功夫。下面是具体操作的几个关键点。

（1）不把羞怯当成问题。父母要尽可能用平常心对待孩子的羞怯。但是，用平常心对待，并不是说要对孩子的羞怯视而不见，而是不要过度紧张，更不要过度关注。因为一旦过度关注，就会不自觉地给孩子贴上标签。就像故事里的冰冰妈妈，在孩子进入社交场合前总会提前对孩子说"你容易害羞，一会儿千万不要紧张"等，而且一旦认为孩子表现得不理想，冰冰妈妈马上跳出来向对方解释说因为孩子胆小、害羞等。冰冰妈妈的这些话就等于在不断地告诉孩子：你和别的孩子不一样，你没有办法像别的孩子那样和别人正常交往。

所以，父母不要把孩子的羞怯当成问题，只要用最自然的状态接纳孩子的羞怯就好。

（2）帮孩子创造社交舒适区。而帮孩子创造社交舒适区，则是要在最自然的状态下做一些看不见的功夫。比如，把孩子的一些同学邀请到自己家里来玩，避免陌生环境给孩子带来社交压力；多和孩子聊聊将要接触到的人，增加孩子对对方的熟悉感，也可以减轻孩子的社交压力；多和孩子聊聊他喜欢或擅长的事物，在自己喜欢或擅长的领域内聊天，会极大地增强孩子的自信心，缓解孩子的紧张和焦虑。父母也可以适当参与孩子的社交活动，一来可以给孩子带来安全感，二来必要时可以帮助孩子展开一些他擅长的话题。但是切记，父母的参与必须适度，只是陪伴和鼓励，必要时给予一定的帮助即可。万万不可变成过度保护，更不能代替孩子进行社交活动。如果父母在自然的状态下去做这些事，那就再好不过了。

（3）给孩子一个循序渐进的过程。就像前面所提到的那样，羞怯作为孩子气质的一部分，在孩子身上的体现通常比较稳定。这就决定了父母如果想为孩子做些什么的话，一定要有足够的耐心，要有一个循序渐进的过程。就像一位心理学家说的那样：

"作为父母，你得一小步、一小步地来，循序渐进。"

研究表明，羞怯的孩子中有30%~40%的人会产生社交焦虑障碍。父母要做的就是：避免孩子成为这30%~40%中的一员，所以完全没必要追求所谓立竿见影的改变。只要父母一直坚持把上面第二点中的事情自然而然地做到位，孩子就完全有可能变得可以轻松地进行社交活动。当然，方法之外，更重要的就是爱、鼓励、陪伴和支持。家庭给予孩子的安全感才是孩子对抗社交压力的能量源泉。